零失败
空气炸锅料理101

月月小厨　著

(Sandy Mama@Moonmoon Kitchcn)

中国轻工业出版社

作者序

空气炸锅是厨房的好帮手，市面上有很多不同品牌，功能上也有所区别。空气炸锅的原理是利用风扇令空气对流，发热装置产生热能，因锅内体积不大，加热快，能在短时间内烤熟食材。

用空气炸锅处理食物用油量比较少，而且操作简单，所以深受大众欢迎。对于烘焙初学者，若家里没有空间放置大烤箱，空气炸锅应该是一个很好的选择，既可做菜，也可以制作曲奇蛋糕，一锅两用。而有了空气炸锅后，要做炸物，就不用准备一大锅油，节省用油量之余，所有炸的过程都在锅内进行，不会产生油烟问题，厨房也变得干净了！

空气炸锅体积较一般烤箱小，不会占用厨房太多空间，对于小厨房家庭，这台小家电最合适不过，它可代替烤面包机、部分烤箱功能，功能多元化，大家可以轻松做出美味的料理。

选购空气炸锅时，选择体积较大的，不会局限食物的体积，能做出比较多的菜式。虽然空气炸锅可以做出油炸效果，但相对直接用油来炸食物，还有一定差异，效果未必做得到一模一样。

我最喜欢用空气炸锅来炸午餐肉！午餐肉本身油分含量相当高，若再用油煎，实在不健康，但用空气炸锅来炸，因午餐肉本身油脂丰富，一滴油也不用加，便能炸出香脆美味的午餐肉，降低罪恶感！

用过空气炸锅，你一定会爱上它，因为实在方便快捷！

Sandy Mama

本书所有食谱均以飞利浦空气炸锅来制作，因不同品牌的空气炸锅，在尺寸、温度、功能上有所差异，本书食谱提供的炸制时间及温度只供参考，读者应观察食材的情况，调节炸制所需要的时间及温度。

目录

Part 1 主菜料理

入门级

提高级

Part 2　香口小食

Part 3　早餐和面包

Part 4　中式糕饼

Part 5　西式糕点

Part 6　邪恶夜宵

空气炸锅第一次开锅及使用心得

空气炸锅买回家后，可以立即炸食物吗？不！你需要先清洗一下。不同牌子的空气炸锅，开锅步骤都有可能不同，大家请按照说明书的指示开锅。基本上，空气炸锅买回来后，只要用温和清洁剂清洗抽出来的炸篮，然后放回空气炸锅内，放一杯装有柠檬片的水，200℃空烧5分钟左右，便能清洁好。

食物何时需要喷油或刷油？

一般食材都要喷油，让食物表面炸制后有光泽、不会太干。喷多少油要视食物本身含有多少油分，一般肉类都带有脂肪，所以在食物表面喷少许油便可，甚至不喷油。但蔬菜类就必须要喷油或刷上一层油，让炸制后的食物不会太干。

虽然喷油比刷油的用油量少，但喷的油未必能均匀地沾在食材上。如果想让食材炸得较均匀，刷油比喷油理想。如果食材表面有酱汁或水分，比较难刷油，那么就比较适合喷油。

炸制食物一定要用牛油纸或锡纸垫底吗？

空气炸锅的内锅一般有易洁涂层，清洁很容易，如为了方便清洁而垫牛油纸或锡纸，可能会影响炸制效果；而且空气炸锅内的热风，会令牛油纸或锡纸卷起，若垫肉类等较重的食材还可以，但对于曲奇，若使用较轻的牛油纸，会使未成形的曲奇变形，所以若必须垫底，可选用较厚重的不粘布，而且可以重复利用，更加环保。

如何制作适合空气炸锅用的炸粉浆？

市面上有不同炸粉出售，只需要加入适量水拌匀即可使用。市面上炸粉分为普通炸粉及天妇罗炸粉，请按食谱需要去购买。

如果想自己调配，也很简单：150克低筋面粉、2汤匙玉米淀粉、2茶匙泡打粉、150克清水、少许盐、1茶匙植物油，拌匀即可。不要一次性加入全部清水，应视粉浆情况逐量添加。粉浆不能太稀，否则很难裹在食物上。

将外皮炸得黄金香脆有什么秘诀？

想把食物炸得酥脆，首先要了解，如果只撒干玉米淀粉，炸出来比较干，食物表面不会沾有过多粉；若用粉浆炸，食物表面会裹着一层粉浆，视想炸出来的效果而决定。可以用冰啤酒或冰水代替水来调制粉浆，炸起来更酥脆。

而有旋转风力设计的空气炸锅，食物不用翻面，底部也可以炸得金黄。当空气炸锅已经运转一段时间后，锅温已经比第一转高，要适当调低温度，以免过火烧焦。

空气炸锅的清洁技巧

空气炸锅靠发热管提供热能，发热管安装在锅内的顶端，清洁起来比较困难。当然不同品牌的空气炸锅，设计也不同，买回来后最好看清楚说明书，了解清洁时要注意的事项。以下贴士可以帮到大家：

· 每次使用完毕，炸篮应整个取出，用洗洁精彻底清洁一次，便不会积攒太多难洗的污渍。

· 若空气炸锅残留有食物气味，可以用一个柠檬加300毫升水，以200℃炸15分钟，或以2汤匙醋代替柠檬。

· 每次清洁时，请确保已拔除电源，等待发热管冷却后再进行清洁。

· 应用柔软的清洁刷去清洁发热管，太硬的清洁工具容易磨损发热管上的涂层。最好每次用完都刷一次。

· 空气炸锅的外壳可以用中性清洁剂来清洁。

· 空气炸锅所用的烤具，多有易洁涂层，应该用柔软的清洁刷来清洁。

· 市面上有些清洁喷剂，喷在油渍上，停留数分钟，便可以轻松擦干净，请留意说明书可使用在哪些锅具上。

空气炸锅辅助烹调用具

空气炸锅基本上与烤箱的功能相同，一般可放入烤箱的用具，也可用在空气炸锅，但是空气炸锅体积较小，购买用具时要留意空气炸锅炸篮的直径。

不粘浅烤盘、烘烤锅
一般用来炸食物，因有不粘涂层，易于清洁。

锡纸盘或杯
适用于烤蛋糕及小蛋糕，或制作焗饭、意面，以及带有酱汁的料理。

蛋糕模
所有适合用于烤箱的蛋糕模，也适用于空气炸锅。

硅胶食物夹/锅铲
因锅温高，必须要用隔热效果好的硅胶用具。

不粘布
比牛油纸厚重，不易因热风循环而飞起，易于清洁，可多次使用。

烤架
把食物放在烤架上炸；也可于空气炸锅内加一层烤架，同时进行两款食物的焗烤。

耐热器皿
所有可入烤箱的烤具，也适用于空气炸锅。

不锈钢串烧叉
用来制作串烧食物。

入锅纸杯
适合制作小蛋糕。

隔热手套
空气炸锅温度高，取出烤盘时需要用隔热手套。

油刷
适用于把油直接刷在食物表面。

喷油瓶
用油量少，能把少量油均匀地喷在食物上。

一般食物炸制时间及温度表

肉类	排骨	200℃ 8~10 分钟
	猪颈肉	180℃ 12~15 分钟
	五花肉	200℃ 15~20 分钟
	鸡（整只）	180℃ 15 分钟或 200℃ 10~15 分钟
	鸡翅	200℃ 20 分钟
	鸡排	200℃ 15 分钟或 170℃ 5 分钟
	鸡软骨	200℃ 15 分钟
	鸡块	190℃ 8~10 分钟
	猪排	200℃ 20 分钟
	牛仔骨	200℃ 8 分钟，熄火焗 3 分钟
	牛排	200℃ 8 分钟，熄火焗 3 分钟
	一小口牛肉	200℃ 5 分钟，翻面，200℃ 3 分钟
海鲜类	三文鱼排	200℃ 10 分钟
	比目鱼排	200℃ 12~15 分钟
	中虾（连壳）	200℃ 12 分钟
	大鳝片	180℃ 8 分钟
	多春鱼	200℃ 10 分钟
	蟹	180℃ 20 分钟
	花甲	180℃ 20 分钟（加上汤）
	扇贝	180℃ 10 分钟
	鲭鱼	200℃ 12 分钟
	秋刀鱼	200℃ 12 分钟

蔬菜类	红薯（整个）	180℃ 40~50 分钟
	红薯条	180℃ 12 分钟
	栗子	180℃ 20 分钟
	土豆（整个）	180℃ 30~40 分钟
	薯角	180℃ 20 分钟
	薯条	180℃ 10~12 分钟
	杏鲍菇	180℃ 10 分钟
	茄子	180℃ 8 分钟

曲奇蛋糕	曲奇	170℃ 11~13 分钟
	一般 6 吋 * 蛋糕	160℃ 35~40 分钟
	小蛋糕	160℃ 15~20 分钟
	棉花糖	180℃ 6 分钟
	司康	160℃ 15 分钟或 180℃ 8 分钟
	面包布丁	170℃ 20~25 分钟
	比萨	200℃ 8 分钟

小食	果仁	160℃ 10 分钟
	速冻饺子	180℃ 12~15 分钟
	速冻炸鸡	180℃ 10 分钟
	速冻比萨	170℃ 8 分钟
	速冻土豆饼	200℃ 10~12 分钟
	烧卖	180℃ 6 分钟
	午餐肉	180℃ 12 分钟
	吐司	180℃ 4 分钟或 200℃ 2 分钟

以上资料只供参考，因不同品牌的空气炸锅，功率各有不同，大家应视食物状况而增减炸制时间及温度。

* 1吋＝1英寸＝2.54厘米

自制各式酱汁

虽然市面上有很多方便酱包出售，但如果有时间，自己调配更好！可预先多调配一点储存在冰箱，随时使用，省时又省钱。

日式照烧酱

材料丨日本酱油100克、米酒20克、味醂20克、黄糖100克、蒜瓣6个、姜1块、木鱼花10克

做法丨1. 蒜瓣去皮切碎，姜切碎。

2. 用水煮化黄糖，加入其他材料，放入搅拌机打匀即可。

韩式腌肉酱

材料丨韩式辣酱2茶匙、韩式大酱2汤匙、糖浆2汤匙、醋1汤匙、洋葱1/2个、蒜瓣6个、香油1/2茶匙

做法丨1. 洋葱及蒜瓣去皮，用搅拌机打成泥。

2. 加入其他材料拌匀即可。

烧烤酱

材料丨茄汁2汤匙、芥末酱1/2汤匙、海鲜酱1汤匙、黑醋2茶匙、橄榄油2茶匙、黑胡椒粉适量、细盐少许、白砂糖2茶匙、洋葱1/2个、蒜蓉2茶匙

做法丨将所有材料放入搅拌机打匀即可。

糖醋酱

材料丨酱油2汤匙、番茄酱2汤匙、白砂糖1汤匙、醋1汤匙、水3汤匙、玉米淀粉1茶匙

做法丨将所有材料混合拌匀即可。

黑胡椒酱

材料｜黄油*20克、菜籽油20克、洋葱1/2个、蒜瓣1个、黑胡椒粒20克

调味料｜水350毫升、细盐1/2茶匙、白砂糖2茶匙、蚝油1汤匙、老抽1茶匙

芡汁料｜面粉1汤匙、清水3汤匙

做法｜1. 洋葱及蒜瓣去皮切碎。

2. 起锅，下菜籽油及黄油烧热，加入洋葱碎及蒜末爆香，加入黑胡椒粒爆炒。

3. 捞起，放入搅拌机，加入调味料打成泥，回锅略炒，勾芡即成。

沙爹酱

材料｜咖喱粉1茶匙、花生酱1汤匙、沙茶酱1汤匙、茴香粉1/2茶匙、酱油2茶匙、黄糖2茶匙

做法｜将所有材料混合拌匀即可。

泰式酸辣汁

材料｜泰国鱼露2茶匙、青柠汁2茶匙、白砂糖50克、白醋1汤匙、蒜蓉2茶匙、辣椒1根、柠檬叶1/2片

做法｜1. 将柠檬叶及辣椒切碎。

2. 加入其他材料拌匀即可。

蒜味酱

材料｜菜籽油少许、酱油2汤匙、蚝油2汤匙、麦芽糖2汤匙、五香粉少许、胡椒粉少许、米酒1汤匙、蒜瓣1个

做法｜1. 蒜瓣去皮切碎。

2. 起锅，用油爆香蒜末，再加入其他材料，拌匀至糖化开即可。

* 书中未标注为无盐黄油的黄油均为有盐黄油。

沙姜鸡酱

材料｜沙姜粉2茶匙、细盐1/2茶匙、熟油2茶匙

做法｜1. 沙姜粉加细盐拌匀。

2. 把油烧滚,淋在沙姜粉上拌匀即可。

青酱

材料｜罗勒叶2片、橄榄油100克、蒜瓣10个、芝士粉2汤匙、松子仁1汤匙、细盐1/2茶匙、白砂糖1茶匙

做法｜1. 松子仁放入空气炸锅,以160℃炸8分钟。

2. 罗勒叶洗净。

3. 所有材料放入搅拌机中打成泥即成。

白汁

材料｜黄油20克、面粉1汤匙、牛奶100毫升、奶油100毫升、细盐少许、胡椒粉少许

做法｜1. 用不粘锅把黄油煮化,加入面粉炒匀。

2. 注入牛奶及奶油拌匀,再加入盐及胡椒粉,煮至浓稠即成。

千岛酱

材料｜蛋黄酱100克、糖浆1汤匙、酸黄瓜2根、番茄酱2汤匙

做法｜酸黄瓜切碎,加入其他材料,放入搅拌机打匀即可。

桂花酱

材料｜桂花1汤匙、蜂蜜1/2杯、冰糖50克、水300毫升

做法｜将所有材料放入小锅,煮至冰糖化开即可。

香草调味小百科

迷迭香：叶呈长长的针状，香味浓郁，适合用来烤肉，如羊肉、猪肉、鸡肉等。

百里香：又名麝香草，叶子细小，气味温和，无论是新鲜还是干燥，都可以入菜，多用于腌肉或制作香草黄油等。

鼠尾草：带有轻微的胡椒味，常用于味道浓郁的菜式，或搭配肉类。

罗勒：亦称九层塔或金不换，品种很多，不同地方的罗勒，味道上也有些区别。罗勒的叶子不耐热，多用于冷盘食物或作为点缀。

薄荷叶：味道清凉，香味浓郁，通常用在冷盘上，或用于摆盘或菜式的装饰，也可用于西式饮品中。

莳萝：味道清香，带有淡淡的茴香味，适合烹调鱼类。

藏红花：阿拉伯及印度常见的调味料，在西班牙烩饭等菜肴中常见。

欧芹：又名香芹，与中国芹菜味道稍有差别，因味道清新温和，常用于冷盘摆盘，也适合用于鱼、肉、菜或沙拉等。

月桂叶：又名香叶，带点辛辣味，常用于西餐的汤，或文火慢炖的菜式。

香茅：又叫柠檬草，生长在亚热带，本身散发出一种天然的柠檬味，广泛应用于东南亚菜式中。

柠檬叶：叶片味苦，香味浓郁，经常用于泰式菜肴中。

Part

1

主菜
料理

迷迭香牛仔骨

牛仔骨一般带有三块小骨，可切成三份，也可整块烹调，肉汁更丰富，品相更吸引人！

● 宴客方便又大气　　● 冰箱常备材料

温度及时间：180℃　6分钟　　　**辅助配件**：煎烤盘

材料（2人份）

		调味料	
牛仔骨	3块	海盐	适量
新鲜迷迭香	适量	黑胡椒碎	少许
蒜	1头		

做法

1. 整条牛仔骨解冻，洗净，沥干水分，用调味料抹匀。

2. 蒜头切半，备用。

3. 以180℃预热空气炸锅，煎烤盘上刷油，放上整条牛仔骨。

   TIPS　若没有煎烤盘，可直接放在空气炸锅的炸篮内，或使用锡纸盘。

4. 撒上新鲜迷迭香，蒜头放在牛仔骨旁边，喷油。

5. 放入整盘食物，设定180℃，炸6分钟即成。

🧑‍🍳 烹调心得

如果牛仔骨有脂肪，不妨切出来，预热时放入空气炸锅内，代替刷油。

泰式猪颈肉

非常美味又容易制作的菜式！事先腌好，下班回家后炸15分钟就可以吃了。

- 充满肉汁　　- 班兰叶提升风味

温度及时间：180℃　6分钟 ▷翻面 ▷180℃　6分钟 ▷刷蜂蜜 ▷200℃　3分钟
辅助配件：煎烤盘/锡纸盘

材料（2人份）

猪颈肉	1块	班兰叶	4片
香茅	1枝	蜂蜜	2汤匙
蒜蓉	1茶匙		

腌料

生抽	1茶匙	黄糖	1茶匙
鱼露	2茶匙	料酒	1汤匙
老抽	1/2茶匙	胡椒粉	适量

酱汁料

泰式甜辣酱	$1\frac{1}{2}$汤匙	椰糖	1茶匙
鱼露	1茶匙	辣椒粉	少许
青柠汁	2茶匙		

> **选购心得**
>
> 班兰叶是一种东南亚地区的植物，带有天然芳香味，在东南亚料理中担任重要角色。可至电商平台购买，买回的班兰叶应放冰箱保存。

做法

1. 猪颈肉洗净；香茅拍扁、切碎；班兰叶洗净，切半备用。

2. 酱汁料拌匀。

3. 猪颈肉放入保鲜袋，加入香茅碎、蒜蓉及腌料后摇匀，放入冰箱冷藏3小时。

4. 取出猪颈肉，抹去多余香茅碎。

5. 将班兰叶放入煎烤盘（或锡纸盘），铺平，再放上猪颈肉。

   TIPS　用班兰叶垫底炸制，猪颈肉的风味更佳。

6. 以180℃预热空气炸锅，放入整盘猪颈肉，以180℃炸约6分钟，翻面，再炸6分钟。

7. 取出，两面刷上蜂蜜，再以200℃炸3分钟。

8. 食用时可以切小块，蘸酱食用。

椒盐大虾

香喷喷的椒盐，使大虾的鲜味进一步提升！

● 酥脆入味　● 一学就会，超简单

温度及时间：180℃　4分钟 ▷加入调味料 ▷180℃　3分钟　　**辅助配件**：烘烤锅

材料（4人份）

大虾　8只

调味料

椒盐　1/2茶匙　｜　蒜蓉　2汤匙

做法

1. 大虾剪须，去虾线，洗净，沥干水分，虾背用小刀切开。

　　TIPS　大虾只切开中间部分，头尾保留原状。

2. 以180℃预热空气炸锅，放入烘烤锅，刷油，设定180℃炸4分钟。

3. 加入调味料摇匀，再以180℃炸3分钟即成。

芝士培根焗酿冬菇

用空气炸锅做烤焗的蔬菜同样出色，例如这道焗酿冬菇，一切开就让人食指大动！

● 味道层次丰富　● 冰箱常备材料

温度及时间：180℃　15分钟　　**辅助配件**：烘烤锅＋浅烤盘/锡纸盘

材料（2人份）

冬菇	6朵
培根	2条
洋葱	1/2个
芝士碎	2汤匙
黑胡椒粉	适量

做法

1. 冬菇去蒂，用厨房纸巾擦干净。

2. 培根切丁；洋葱去皮切丁。

3. 培根丁及洋葱放入空气炸锅的烘烤盘，喷油，以180℃炸4分钟。

4. 取出，加芝士碎及黑胡椒粉拌匀，嵌入冬菇中。

5. 以180℃预热空气炸锅，放入浅烤盘（或锡纸盘），放入冬菇，喷油，设定180℃炸15分钟即成。

😊 **选购心得**

选购较厚的冬菇，口感更好。

咸鸭蛋玉米虾饼

咸鸭蛋加入虾胶、玉米一起炸，简单又好吃！

● 鲜味无穷　● 大大减少用油

温度及时间：180℃　10分钟　　**辅助配件**：浅烤盘/锡纸盘

材料（4人份）

虾胶	200克
玉米	1根
咸鸭蛋	2个

😊 **烹调心得**

可以用鱼肉或墨鱼胶取代虾胶。

做法

1. 剥好玉米粒；咸鸭蛋用水煮熟，去壳取出咸蛋黄，用叉子压碎。

2. 大碗内放入虾胶，再加入玉米粒拌匀。

TIPS　一般现成的虾胶已有调味，所以不用再调。

3. 用手取出适量材料，压成虾饼，放上咸蛋黄碎。

TIPS　手心沾水便能轻松将虾饼塑形而不粘手。

4. 以180℃预热空气炸锅，往浅烤盘（或锡纸盘）喷油，放入虾饼。

5. 在虾饼上喷油，以180℃炸10分钟即成。

台式烤大鱿鱼

台湾的夜市大多数都有"烤花枝"这款美食。花枝又名鱿鱼，用空气炸锅就能做出夜市的风味！

● 味道鲜美　● 大口咬下好满足

温度及时间：180℃　8分钟 ▷涂酱汁 ▷180℃　2分钟　　　**辅助配件**：烤网

材料（4人份）

大鲜鱿	2只
红薯粉	适量
辣椒粉	适量

腌料

细盐	1/4茶匙
蛋黄	1个
蒜粉	1/2茶匙
胡椒粉	少许

酱汁料

番茄酱	2汤匙
酱油膏	1/2茶匙
黑醋	1茶匙
蜂蜜	2茶匙
香油	1/2茶匙

做法

1. 鲜鱿洗净，切开，取出中间的透明软骨，沥干水分，加入腌料略腌。

2. 在鲜鱿的两边切数刀，然后用2支竹扦穿起整片鲜鱿，裹上适量红薯粉。

3. 以180℃预热空气炸锅，将鲜鱿放在烤网上，设定180℃炸8分钟。

4. 两边涂上酱汁，再炸2分钟，趁热撒上辣椒粉即成。

> TIPS　爱吃辣的话，可以加入辣椒粉一起炸，更入味。

🍳 **选购心得**

鲜鱿宜选择厚的，大约20厘米长。

猪肉菠萝串

新鲜菠萝，味道特别清甜，配搭肉类来炸，进一步降低肉类的肥腻感。

● 炸菠萝特别甜　● 健康串烧

温度及时间：180℃　5分钟　▷刷烧烤汁 ▷180℃　5分钟　　**辅助配件**：烤网

材料（2人份）

新鲜菠萝	1/2个
猪肉薄片	10片
芹菜	2棵

腌料

生抽	1茶匙
植物油	1茶匙
白砂糖	1茶匙
料酒	1茶匙
胡椒粉	适量

调味料

烧烤酱	2汤匙

做法

1. 新鲜菠萝去皮，切厚块。

> TIPS 以罐头菠萝代替鲜菠萝，同样美味。

2. 芹菜切去根部，切成约4厘米的段。

3. 猪肉加腌料拌匀，每片放上数根芹菜，卷起。

4. 用竹扦穿起食材，每串一块菠萝两块猪肉。

> TIPS 穿起肉时要留有空间，让肉能容易熟透。

5. 以180℃预热空气炸锅，放入烤网，刷油，把肉串放入，设定180℃炸5分钟。

6. 取出，两面刷上烧烤汁，再炸5分钟即成。

🧑‍🍳 烹调心得

烧烤汁可预先制作，放入冰箱储存，或到超市购买。

白汁银鳕鱼

银鳕鱼油脂十分丰富，口感嫩滑，深受小朋友喜爱。

- 10分钟煮好
- 冰箱常备材料

温度及时间：180℃　4分钟　▷翻转鱼排　▷180℃　3分钟　　**辅助配件**：浅烤盘/锡纸盘

材料（4人份）

银鳕鱼排	1块
蘑菇	4朵

腌料

细盐	1/2茶匙
姜汁	1茶匙
胡椒粉	适量

白汁材料

黄油	30克
面粉	1汤匙
奶油	100克
牛奶	100克

做法

1. 银鳕鱼解冻，用厨房纸巾吸干水分，加入腌料拌匀。

2. 蘑菇去蒂，切片备用。

3. 浅烤盘放入空气炸锅，喷油，放上银鳕鱼排，以180℃炸约4分钟，翻面，再炸3分钟，取出，盛盘。

4. 制作白汁：不粘锅内下黄油煮化，加入面粉炒匀，注入奶油及牛奶煮开，最后加入蘑菇片煮熟，淋到银鳕鱼上即成。

TIPS　可用罐头奶油汤代替自制白汁。

─ 🍳 选购心得 ─
以比目鱼代替银鳕鱼，价钱较实惠。

香草脆炸羊架

以迷迭香来炸羊架，配以薄荷酱食用，是羊架的最佳搭配。

● 香味十足　● 新手煮出餐厅水准

温度及时间：160℃　15分钟 ▷翻面 ▷180℃　5分钟　　**辅助配件**：煎烤盘

材料（4人份）

羊架	900克	面包糠	3汤匙
低筋面粉	3汤匙	迷迭香	适量
鸡蛋	1个		

腌料

细盐	1/2茶匙
黑胡椒粉	适量

做法

1. 羊架解冻，洗净，加入腌料拌匀。

2. 打好蛋液；加入低筋面粉、面包糠和迷迭香拌匀，将其均匀铺在羊架上。

3. 以180℃预热放上煎烤盘的空气炸锅，放入羊架，喷油，以160℃炸15分钟。

TIPS　羊架整块炸制，肉质更嫩滑。

4. 翻转羊架，以180℃再炸5分钟，切块，配以薄荷酱食用。

椒盐三文鱼骨

将三文鱼骨炸至香脆，十分美味。

● 配饭配酒都适合　● 金黄香脆

温度及时间：190℃　10分钟　　**辅助配件**：烤网

材料（4人份）

三文鱼骨	400克
红薯粉	2汤匙

调味料

椒盐	1/2茶匙

做法

1. 三文鱼骨洗净，沥干水分。

2. 加入椒盐拌匀。

3. 每块三文鱼骨均匀地撒上少量红薯粉。

4. 空气炸锅的烤网喷油，放上三文鱼骨。

5. 设定190℃炸10分钟，直至金黄色即成。

TIPS　三文鱼骨油分重，炸香后非常美味！

土豆泥焗青口

一般的青口菜式，使用速冻的就可以做得很美味。不妨在冰箱冰格常备速冻青口，随时可以煮！

● 简单高质量　● 色香味俱全

温度及时间： 180℃　5分钟　　**辅助配件：** 烤网

材料（2人份）

青口	8只
土豆	1个
黄油	20克
蛋黄酱	20克
洋葱	1/2个
香草	适量

---🍳 烹调心得 ---

青口简单加入蒜蓉黄油去炸，也十分美味。

做法

1. 青口解冻洗净，用厨房纸巾吸干水分。

2. 洋葱去皮切丁。

3. 土豆煮熟后去皮，用叉子压成泥。

4. 加入黄油、蛋黄酱、洋葱丁及香草拌匀。

TIPS　黄油要趁土豆泥还热时加入拌匀。

5. 青口放上适量土豆泥，然后排在烤网上，喷油。

6. 放入空气炸锅，以180℃炸约5分钟即成。

泰式焗花甲

泰式料理多以香茅、柠檬叶及罗勒制作。这次将花甲加入泰式材料一起炸，香气扑鼻，忍不住一吃再吃！

● 处理容易　　● 鲜甜好吃

温度及时间： 180℃　20分钟　　　**辅助配件：** 烘烤锅

材料（2人份）

材料	用量
花甲	40只
香茅	1枝
柠檬叶	1片
罗勒	1棵
朝天椒	2个
清鸡汤	100毫升

酱汁料

鱼露	2茶匙
蚝油	1茶匙
白砂糖	1/2茶匙
胡椒粉	适量

做法

1. 花甲洗净，沥干水分。

2. 香茅拍扁切碎；柠檬叶切丝；罗勒择出叶子洗净；朝天椒切丁。

3. 烘烤锅放入空气炸锅，然后放入花甲，加入酱汁料及清鸡汤。

> TIPS　若没有烘烤锅，可以改用锡纸盘。

4. 设定180℃炸20分钟，其间需要取出搅拌一下，花甲全部开口即成。

> TIPS　花甲之间要保留让花甲开口的空间，不要放得太密。

3

韩式烤五花肉

一块块烤得金黄的五花肉，切块后蘸韩式烤肉酱，以生菜包着吃。安坐家中也可以吃到韩国的日常滋味！

● 意想不到地简单　　● 充满肉汁

温度及时间：180℃　10分钟 ▷调味 ▷200℃　5分钟　　**辅助配件**：浅烤盘/锡纸盘

材料（4人份）

五花肉	2条

调味料

韩式大酱	2茶匙
韩式辣椒酱	1茶匙
蒜蓉	1茶匙
糖浆	2茶匙
胡椒粉	适量

腌料

细盐	1/2茶匙
生抽	1茶匙
植物油	1茶匙
白砂糖	1茶匙
料酒	1茶匙
胡椒粉	适量

做法

1. 五花肉洗净，加入腌料拌匀，放入冰箱腌2小时。

2. 调味料拌匀备用。

3. 以180℃预热空气炸锅，放入浅烤盘（或锡纸盘），刷油，放上五花肉，设定180℃炸10分钟。

　　TIPS　五花肉整条炸制，可保留肉汁。

4. 两面刷上调味料，以200℃炸5分钟。

5. 食用时切块即可。

蒜香小排骨

想吃得健康，又要香口美味？肉类最适合用空气炸锅烹煮。

● 浓郁蒜香　　● 大大减油

温度及时间：160℃　6分钟 ▷180℃　4分钟　　　　**辅助配件**：烘烤锅

材料（4人份）

排骨	500克
朝天椒	2个
蒜蓉	6茶匙
炸粉	3茶匙

腌料

细盐	1/2茶匙
生抽	1茶匙
植物油	1茶匙
白砂糖	1茶匙
料酒	1茶匙
蒜粉	适量
胡椒粉	适量

做法

1. 朝天椒洗净，切丁。

2. 排骨洗净，沥干水分，加入腌料拌匀，腌1小时。

   TIPS　排骨尽量切成适口大小。

3. 排骨加入炸粉拌匀。

   TIPS　正式开始炸制前才加入炸粉，可以炸得更香脆。

4. 以180℃预热空气炸锅，放入烘烤锅，刷油，然后放入排骨，以160℃炸6分钟。

5. 加入蒜蓉及朝天椒粒，以180℃再炸4分钟即成。

罗勒炒肉碎

不同品种的罗勒，香味也有所不同。吃时淋上青柠汁，以生菜包起来吃。

● 空气炸锅不一定是炸

温度及时间：180℃　4分钟 ▷加入猪肉 ▷180℃　5分钟 ▷加入罗勒等 ▷180℃　3分钟
辅助配件：烘烤锅

材料（4人份）

猪肉馅	200克
罗勒	2棵
蒜瓣	5个
干葱头	3粒
朝天椒	2个
生菜	4棵

腌料

生抽	1茶匙
老抽	1/2茶匙
鱼露	2茶匙
白砂糖	1茶匙
胡椒粉	少许
水	2茶匙

做法

1. 猪肉馅加入腌料拌匀，腌10分钟。

2. 蒜瓣及干葱头去皮切碎。

3. 罗勒择出叶子，洗净切碎。生菜洗净，沥干水分。

4. 烘烤锅放入空气炸锅，设定180℃，放入蒜末及干葱末，炸4分钟，拌匀，再加入腌好的猪肉馅炒匀，炸5分钟，炒匀。

5. 最后再加入罗勒及朝天椒炒匀，再炸3分钟即成。

TIPS　以生菜包着吃或拌饭吃。不吃辣可省去辣椒。

煎酿三宝

深受欢迎的香港街头小吃。以空气炸锅自制，不但简单易做，而且大大减少油腻感！

● 晚餐、夜宵、小吃都适合

温度及时间：180℃　8分钟 ▷刷芡汁 ▷180℃　2分钟　　　**辅助配件**：浅烤盘/锡纸盘

材料（4人份）

鲮鱼肉	150克
青灯笼椒	1个
北豆腐	1块
茄子	1条
玉米淀粉	少许

芡汁料

蚝油	1汤匙
白砂糖	2茶匙
胡椒粉	适量

做法

1. 青灯笼椒去子切片；豆腐切成4块，中间挖出少许豆腐；茄子切厚片。

2. 做法1的三种食材分别撒上少许玉米淀粉，将鲮鱼肉嵌入。

   > TIPS　市售现成的鲮鱼肉多数已调味，所以不用再调味。鲮鱼肉也可用其他鱼肉代替。

3. 以180℃预热空气炸锅，放入材料，刷油，设定180℃炸约8分钟。

4. 涂上已拌匀的芡汁，再炸2分钟即成。

👨‍🍳 烹调心得

嵌鱼肉的材料可改成尖椒、红肠、豆泡等，同样美味。

酸甜酿豆泡

将豆泡里外翻转后再炸,特别香脆。加上咕噜肉那酸酸甜甜的酱汁,超完美的组合!

● 配饭一流　● 脆身小技巧

温度及时间:180℃　6分钟 ▷加灯笼椒 ▷200℃　2分钟 ▷加酱汁 ▷200℃　2分钟
辅助配件:烤网+烘烤锅

材料(4人份)		酱汁料	
虾胶	150克	细盐	1/2茶匙
豆泡	8粒	番茄酱	3汤匙
红色灯笼椒	1/2个	白砂糖	2茶匙
黄色灯笼椒	1/2个	白醋	2汤匙
葱段	少许	玉米淀粉	1茶匙

做法

1. 豆泡洗净,挤干水分,切半,将里外翻转,嵌入适量虾胶。

　　TIPS　可改用猪肉馅代替虾胶。

2. 酱汁料拌匀,备用。

3. 红、黄色灯笼椒去子,切小片。

4. 以180℃预热空气炸锅,烤网刷油,放入豆泡,设定180℃
炸6分钟,取出。

5. 放入烘烤锅,刷油,加入灯笼椒,以200℃炸2分钟。

6. 最后加入已拌匀的酱汁,炸2分钟,加入炸好的豆泡及葱
段,拌匀即成。

　　TIPS　酱汁加入菠萝罐头汁,味道更丰富;若想更方便一
　　　　　些,直接使用现成的酸甜酱即可。

七味香脆豆腐块

不少人觉得炸豆腐太困难，用油量又多。改用空气炸锅，效果必定令你惊喜！

● 新手也能做到　● 健康　● 大大减油

温度及时间：180℃　8分钟　　**辅助配件**：烤网

材料（2人份）

北豆腐	1块
鸡蛋	1个
玉米淀粉	2汤匙
面包糠	1/2碗

调味料

椒盐	适量
七味粉	适量

🍴 选购心得

选用北豆腐，豆味更香浓。

做法

1. 豆腐切丁，用厨房纸巾吸干水分。

2. 打好蛋液；将蛋液、玉米淀粉、面包糠分别放在三只小碟中。

3. 豆腐块先裹玉米淀粉，再蘸蛋液，最后裹满面包糠。

4. 以180℃预热空气炸锅，烤网刷油，放上豆腐块，再喷油，设定180℃炸8分钟。

5. 趁热撒上椒盐及七味粉即成。

> **TIPS** 完成后撒上七味粉，炸豆腐更美味。

吉列芝士猪肉片

像芝心猪排的做法，但改为猪肉片。使用空气炸锅，不用太多油也做到炸的效果！

● 薄片更易炸　　● 芝士熔化

温度及时间： 180℃　8分钟　　**辅助配件：** 烤网

材料（3块）

猪肉片	12片
芝士	3片
面包糠	1碗
鸡蛋	1个
玉米淀粉	2汤匙

调味料

细盐	少许
黑胡椒粉	少许

做法

1. 猪肉片解冻，用厨房纸巾吸干水分。

2. 2片猪肉放上1片芝士，再铺上另外2片猪肉，然后撒上调味料。

> **TIPS** 如果猪肉片裂开不完整，可再多铺一小片猪肉，防止芝士外露。芝士要切成比猪肉片小一点。

3. 打好蛋液，将蛋液、玉米淀粉、面包糠分别放在三只小碟中。

4. 猪肉夹先裹上玉米淀粉，再蘸蛋液，最后裹满面包糠。

5. 烤网放入空气炸锅，以180℃预热，放入猪肉夹芝士，喷油，设定180℃炸8分钟即成。

芝士焗蚝

生蚝连壳放入空气炸锅内炸熟，不但简单方便，而且非常好吃！

● 开胃小菜　● 派对美食

温度及时间： 200℃　5分钟　　**辅助配件：** 浅烤盘/锡纸盘

材料（4人份）

速冻半壳生蚝	4只
培根	2片
意大利芝士	100克

调味料

细盐	1/2茶匙
黑胡椒粉	适量

做法

1. 半壳生蚝洗净，沥干水分。

2. 培根洗净，切丁，放入空气炸锅，以200℃炸5分钟，取出备用。

3. 培根加入意大利芝士拌匀，均匀铺在生蚝肉上。

4. 以180℃预热空气炸锅，放入浅烤盘，然后放入生蚝，撒上调味料，以200℃炸5分钟即成。

🗨 选购心得

有些超市或店铺出售新鲜生蚝，可代为开蚝，或者自己回家后再开蚝。

香茅焗鸡腿

东南亚料理中，香茅占有重要地位。用来腌鸡腿、鸡翅，非常适合。

● 天然香料 ● 减油 ● 健康

温度及时间： 180℃ 8分钟 ▷翻面 ▷180℃ 5分钟   **辅助配件：** 烤网

材料（4人份）

鸡腿	6只
香茅	1枝

腌料

细盐	1/2茶匙
生抽	1茶匙
植物油	1茶匙
白砂糖	1茶匙
料酒	1茶匙
香茅粉	适量
胡椒粉	适量

做法

1. 香茅拍扁，切碎。

> TIPS 香茅根部最香，拍扁切碎用来腌肉；顶部太硬，可切掉。

2. 鸡腿加入腌料及香茅碎，腌1小时以上或一晚。

3. 以180℃预热空气炸锅，烤网刷油，放入鸡腿，再刷油，设定180℃炸8分钟。

4. 翻面，刷油再炸5分钟即成。

味噌香菇豆腐煮

有没有想过，一般的下饭菜也能用空气炸锅制作？

● 健康小菜　● 煮豆腐不怕烂

温度及时间：180℃　10分钟 ▷加入其他材料 ▷180℃　20分钟
辅助配件：烘烤锅+浅烤盘/锡纸盘

材料（4人份）

金针菇	1包
嫩豆腐	1块
魔芋丝	1盒
竹轮	2条
鱼板	1/2条
玉米淀粉	少许

调味料

味噌	1汤匙
清水	300毫升
味醂	2茶匙
昆布酱油	2茶匙
白砂糖	1茶匙
香油	适量

做法

1. 竹轮斜切一半；鱼板切厚片。

2. 金针菇切去根部，撕开，洗净；豆腐切厚片。

3. 豆腐吸干水分，扑上少许玉米淀粉，放在浅烤盘（或锡纸盘）上，以180℃炸约10分钟，中途翻面。

> TIPS　豆腐可浸盐水，令水分析出。

4. 烘烤锅放入已拌匀的调味料，先加入其他材料，再放入豆腐，以180℃炸20分钟即成。

芝士土豆泥蔬菜饼

香浓的芝士味，配上土豆、西蓝花等蔬菜，两者配合得天衣无缝。

● 芝士迷必吃　● 金黄香脆

温度及时间：180℃　15分钟　　　**辅助配件**：浅烤盘/锡纸盘

材料（4人份）

土豆	2个		
西蓝花	1棵		
胡萝卜	1/4根		
玉米	1/2根		

调味料

黄油	20克
细盐	1/2茶匙
白砂糖	1茶匙
胡椒粉	适量

芝士酱

芝士片	3片
黄油	10克
牛奶	50克

做法

1. 土豆去皮，煮熟，用叉子压成泥，加入调味料拌匀。
2. 西蓝花洗净切块，煮熟后切碎。
3. 胡萝卜去皮切丁，煮至八成熟。玉米剥出玉米粒。
4. 将除芝士酱外的所有材料拌匀，然后取出适量材料，用手搓成土豆饼。
5. 土豆饼放入空气炸锅的浅烤盘中，设定180℃炸15分钟，其间翻面一次。
6. 芝士酱材料用小锅煮化，淋在炸好的土豆饼上即可食用。

TIPS　若不喜欢芝士，可省去芝士酱，改以番茄酱拌食。

猪肉焗酿茄子

茄子营养价值丰富，是健康的蔬菜，适合多样的烹调方法。

● 原条茄子　● 不软烂

温度及时间：180℃　10分钟　　辅助配件：浅烤盘/锡纸盘

材料（4人份）

茄子	2条
猪肉馅	100克
蒜蓉	1茶匙

腌料

细盐	1/2茶匙
生抽	1/2茶匙
植物油	1茶匙
白砂糖	1/2茶匙
胡椒粉	适量

调味料

蚝油	1汤匙
玉米淀粉	1茶匙
清水	2茶匙

做法

1. 猪肉馅加入蒜蓉及腌料拌匀，用手搅至起胶。

　　TIPS　可用牛肉或鱼肉代替猪肉。

2. 茄子切去顶部，对半切开，用小刀挖去小部分茄子肉。

　　TIPS　花茄子较短，适合整条放入空气炸锅，品相更美观。

3. 塞入适量猪肉馅，刷上已拌匀的调味料。

4. 以180℃预热空气炸锅，放入浅烤盘，刷油，然后放上茄子，设定180℃炸10分钟即成。

韩式年糕泡菜猪肉卷

韩国饮食文化中，泡菜是不可缺少的食材。每家主妇都有不同的腌泡菜心得。

- 口感超丰富
- 创意美食

温度及时间：180℃　6分钟　▷刷酱汁　▷200℃　2分钟　　　**辅助配件**：浅烤盘/锡纸盘

材料（4人份）

猪肉片	10片
泡菜	100克
韩国年糕	5根
大葱	1根

腌料

生抽	1/2茶匙
植物油	1茶匙
白砂糖	1/2茶匙
胡椒粉	适量

酱汁料

韩国辣椒酱	2茶匙
韩国大酱	2茶匙
蒜蓉	1茶匙
白砂糖	1茶匙
白醋	2汤匙

做法

1. 猪肉片解冻，洗净，沥干，加入腌料拌匀。

2. 年糕煮2分钟，沥干水分；大葱去根，斜切厚片。

3. 平放2片猪肉片，然后放上一根年糕、一片大葱及泡菜，卷成猪肉卷，收口向下。

4. 以180℃预热空气炸锅，放入浅烤盘（或锡纸盘），刷油，放上猪肉卷，设定180℃炸6分钟。

5. 刷上已拌匀的酱汁，以200℃炸2分钟即成。

选购心得

韩国年糕、大酱及辣椒酱可至进口超市或电商平台购买。

泰式香叶包鸡

裹叶飘香，在家也能轻松做经典泰式料理。

● 阵阵班兰叶香味　　● 鸡肉嫩滑

温度及时间：160℃　12分钟　　**辅助配件**：浅烤盘/锡纸盘

材料（4人份）

班兰叶	10片
鸡排	1块
牙签	20根

腌料

鱼露	2茶匙
酱油	2茶匙
老抽	1茶匙
椰糖	20克
料酒	1茶匙
香茅粉	1茶匙
胡椒粉	适量
蒜蓉	2茶匙

做法

1. 鸡排去皮切块，放入保鲜袋，加入腌料摇匀，放入冷藏室腌一晚。

2. 班兰叶洗净，擦干水分，剪去比较硬的一段。

3. 取出鸡肉，去掉多余汁液及蒜蓉。

4. 在班兰叶一端放上鸡块，以三角形方法包好，剪掉多出的部分，用2支牙签固定。

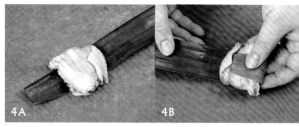

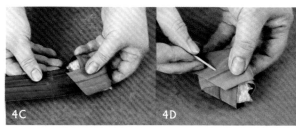

5. 浅烤盘（或锡纸盘）放入空气炸锅中，刷油，放入香叶包鸡，喷油，设定160℃炸12分钟即成。

6. 盛盘时拆去牙签。进食时蘸泰式鸡酱，风味更佳。

盐焗乌头鱼

乌头鱼，鲜味无穷，多以豆豉蒸食。

● 鲜甜美味

温度及时间： 180℃　15分钟　　　**辅助配件：** 烘烤锅

材料（4 人份）

乌头鱼	1条	粗盐	1千克
香茅	3枝	八角	4颗
姜	6片	柠檬叶	3片

腌料

细盐	1茶匙
胡椒粉	适量

做法

1. 乌头鱼洗净，擦干水分，不用去鳞；用腌料抹匀鱼的内外部，备用。

> TIPS　不要选择太大的乌头鱼，因为空气炸锅容量
> 　　　有限。

2. 香茅拍扁根部，切三段；柠檬叶洗净备用。

3. 将鱼切成两份，把香茅及2片姜放入鱼肚。

4. 烘烤锅中放上锡纸，加入粗盐、姜片、八角、香茅及柠檬叶，设定180℃炸约6分钟。

> TIPS　用锡纸铺在烘烤锅上，能保护烘烤锅的易洁涂层。

5. 将一半的盐取出，再放上乌头鱼，铺上原先取出的盐。

6. 设定180℃炸15分钟，熄火，在锅内闷10分钟。

7. 取出，抹去所有盐即可。

🍳 烹调心得

用来焗的盐可以重复利用。

芝麻虾胶酿鸡翅

看不出是鸡翅菜式吧？只要拆去骨头，摊平鸡肉，塞上虾胶，就可以煮出好吃的新菜式！

● 鸡翅新"煮意" ● 好吃不油腻

温度及时间：180℃ 8分钟 **辅助配件**：浅烤盘/锡纸盘

材料（4人份）

鸡翅中	8只
虾胶	120克
白芝麻	2汤匙

腌料

细盐	1/2茶匙
生抽	1茶匙
白砂糖	1茶匙
料酒	1茶匙
姜汁	1茶匙
蒜粉	适量
胡椒粉	适量

做法

1. 鸡翅中解冻，洗净，用厨剪把鸡翅两端的软骨剪掉，用手将鸡肉往下推，使肉与骨头分离，慢慢推出中间两根鸡骨，扭断、取走。

> TIPS 鸡翅去骨后较薄，且带有少许鸡肉，塞进虾胶，口感较好。

2. 无骨鸡翅加入腌料拌匀，最少腌1小时。

3. 在鸡翅底部的一面剪开，摊平。

> TIPS 鸡翅底部比较薄，容易剪开。

4. 鸡翅塞入适量虾胶，再撒上白芝麻，用手轻轻压实芝麻。

5. 以180℃预热空气炸锅，放入浅烤盘，刷油，放入鸡翅，以180℃炸8分钟即成。可切成小块，蘸沙拉酱进食。

> TIPS 放入鸡翅时，鸡皮要向下。若没有浅烤盘，可改用锡纸盘，或直接放入炸篮。

烤酥皮牛柳

参考威灵顿牛柳做法，以现成的速冻酥皮制作，顿时变得简单！

● 外酥内软　● 锁紧肉汁

温度及时间：150℃　20分钟 ▷刷蛋黄液 ▷180℃　10分钟　　　**辅助配件**：浅烤盘/锡纸盘

材料（4 人份）

牛柳	1条（约400克）	速冻酥皮	1片	
帕尔马火腿	5片	黄油	15克	
蘑菇	5朵	蜂蜜芥末酱	2汤匙	
蒜瓣	4个	蛋黄液	适量	

调味料

细盐	1/2茶匙
黑胡椒粉	适量
香草	少许

做法

1. 蘑菇去蒂；蒜瓣去皮；放入搅拌机搅打成泥，备用。

2. 牛柳加入调味料拌匀。

3. 以180℃预热空气炸锅，放入牛柳，刷上黄油，以180℃炸4分钟，翻面，再炸3分钟；取出，涂上蜂蜜芥末酱。

4. 在保鲜膜上铺帕尔马火腿，然后均匀放上蘑菇蒜蓉酱。

5. 中间放上整条牛柳，将保鲜膜卷起，用力包实，放入冰箱冷藏20分钟。

6. 拆开保鲜膜，取出牛柳，把牛柳放在酥皮上，四面包好，轻轻按压，切去多余酥皮。

> **TIPS**　要选用大块的速冻酥皮，并提早解冻。

7. 在酥皮表面刷上蛋黄液，用小刀在表面划花。

8. 以180℃预热空气炸锅，放入浅烤盘（或锡纸盘），刷油，放入酥皮牛柳。

9. 设定150℃炸20分钟，再刷一层蛋黄液，以180℃炸10分钟即可。

🖐 选购心得

牛柳的长度不能超过空气炸锅的烤盘，多出来的牛柳可切下来，用来煮其他菜式。

韭黄肉丝饭焦

茶餐厅、酒楼的肉丝炒面，将炒面底改为饭焦底，口感不一样。家中若有剩饭，不妨尝试制作这个菜式。

● 一样香脆　● 解决剩饭的方法

温度及时间：200℃　10分钟　　**辅助配件**：浅烤盘/锡纸盘

材料（4人份）

米饭	1碗
猪肉	100克
韭黄	100克

腌料

植物油	1/2茶匙
生抽	1茶匙
白砂糖	1茶匙
胡椒粉	适量

芡汁料

蚝油	1茶匙
白砂糖	1/2茶匙
玉米淀粉	1茶匙
水	2汤匙

做法

1. 韭黄洗净，撕去烂的部分，其余切成约5厘米长。

2. 猪肉切丝，加入腌料拌匀，腌30分钟。

3. 米饭放入浅圆锡纸盘中，盖上保鲜膜，用手压平。

4. 以180℃预热空气炸锅，放入锡纸盘，设定200℃炸10分钟，取出，盛盘。

5. 起锅，下油烧热，加入肉丝爆炒至八成熟。

6. 加入韭黄炒匀，下芡汁埋芡，淋到饭焦上即成。

> **TIPS**　饭焦即锅巴。

提高级

蜜汁蒜味烤鳝

白鳝又名鳗鱼，样子像蛇。日本料理中，将鳗鱼去骨后烧烤，便制成最受欢迎的鳗鱼饭。

● 家常菜　● 居酒屋料理

温度及时间：180℃　5分钟 ▷刷调味料 ▷200℃　3分钟　　**辅助配件**：烤网

材料（4人份）

白鳝	约1千克

调味料

老抽	1/2茶匙
蜂蜜	2汤匙

腌料

生抽	1茶匙	料酒	1茶匙
植物油	1茶匙	蒜粉	1茶匙
白砂糖	1茶匙	胡椒粉	适量

做法

1. 大鳝片洗净，用干布吸干水分，切成宽约5厘米的鱼块。

> TIPS　购买白鳝时，请鱼贩代为去骨、切成两大片，然后回家再切成所需长度。

2. 加入腌料拌匀，腌半小时。

3. 将每块鱼块以2支竹扦穿起。

> TIPS　鳝皮有韧性，竹扦难以穿过，所以只需穿过皮下的鱼肉便可。

4. 预热空气炸锅，放入烤网，刷油，放上鱼串，以180℃炸5分钟。

5. 取出，两面均刷上已拌匀的调味料，以200℃炸3分钟即成。

> TIPS　可用日式鳗鱼汁取代蜂蜜。

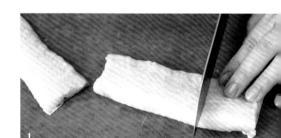

1

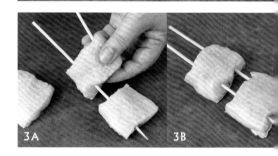

3A　3B

🍳 选购心得

1. 选购厚肉的白鳝，口感更佳。

2. 选购时可以请鱼贩代为起出鱼骨。

咸鱼肉饼

梅香咸鱼十分香浓，配以猪肉炸成肉饼，是一道十分美味的下饭菜。

● 不怕煎不熟　● 减油减罪恶感

温度及时间：180℃　10分钟 ▷翻面 ▷200℃　3分钟　　辅助配件：浅烤盘/锡纸盘

材料（4 人份）

梅香咸鱼	1条
猪肉馅	200克
芫荽	3棵
鸡蛋	1个

调味料

植物油	1茶匙
白砂糖	1茶匙
水	3汤匙
胡椒粉	适量
玉米淀粉	2茶匙

做法

1. 梅香咸鱼洗净，蒸熟后拆肉，备用。

TIPS 拆肉时，最好用干净的双手取出鱼骨。

2. 芫荽切去根部，洗净，切碎。

TIPS 不喜欢芫荽可改以葱花代替。

3. 猪肉馅加入调味料拌匀，然后加入咸鱼碎、鸡蛋及芫荽碎拌匀，放入冰箱冷藏半小时。

4. 用汤匙取出适量咸鱼猪肉，压成肉饼。

5. 以180℃预热空气炸锅，浅烤盘（或锡纸盘）刷油，放上肉饼，设定180℃炸10分钟，翻面，以200℃炸3分钟至两面金黄色即成。

TIPS 用锅铲轻压肉饼，若感觉变硬，表示熟透。

蒜香烧鸡

用蒜蓉腌制整鸡，香脆之余，更加美味。

● 皮脆肉滑

温度及时间：180℃　20分钟 ▷刷调味料 ▷180℃　10分钟　　　**辅助配件**：烘烤锅

材料（4人份）

鸡	1只
红薯粉	2汤匙

调味料

老抽	1/2茶匙
蜂蜜	2汤匙

腌料

酱油膏	1汤匙
细盐	1/4茶匙
五香粉	1/4茶匙
蒜蓉	2茶匙
白砂糖	1大匙
料酒	1汤匙
胡椒粉	适量

做法

1. 将鸡彻底清除内脏，洗净，沥干水分。

2. 加入腌料，涂抹鸡的内外部，放入冰箱冷藏腌一晚。

3. 取出，用厨房纸巾擦干腌料。

> TIPS　若时间允许，吊起整只鸡，放在通风处让鸡干透，烤起来更香脆。

4. 在鸡表面刷上薄薄的油，包上锡纸。

> TIPS　鸡腿位置最难熟透，可以用刀在鸡腿与鸡身之间切一刀。

5. 整只鸡放入烘烤锅，再放入空气炸锅内，以180℃炸20分钟。

> TIPS　将鸡身切半、平放，可减少炸制时间。

6. 取出，拆去锡纸，在鸡表面涂上老抽及蜂蜜，放入烘烤锅，以180℃炸10分钟即成。

🍴 选购心得

不要买个头太大的鸡，约500克即可。

焗芝士茄子千层

与千层肉酱意面的做法相同，但以茄子代替千层面，吃得更清爽。

● 茄子新"煮意"

温度及时间：160℃ 15分钟 ▷200℃ 3分钟 　　**辅助配件**：长形玻璃盒

材料（2人份）

茄子	2根
猪肉馅	100克
牛肉碎	150克
蘑菇	8朵
意面酱	100克
意大利芝士碎	100克
帕玛森芝士碎	150克

腌料

生抽	$1\frac{1}{2}$茶匙
植物油	2茶匙
白砂糖	$1\frac{1}{2}$茶匙
水	4茶匙
胡椒粉	适量

做法

1. 茄子切去顶部，垂直切成薄片，切成空气炸锅可放入的长度，浸盐水备用。

2. 牛肉及猪肉混合好，加入腌料拌匀。

3. 蘑菇去蒂切丁，加入意面酱拌匀，制成酱料备用。

4. 在长形玻璃盒喷油，先放上3片茄子。

5. 放入一层酱料，再放适量碎肉，然后洒上适量意大利芝士碎，重复这步骤直至全部材料铺完。

6. 最后一层为茄子，放上帕玛森芝士碎。

6

7. 以180℃预热空气炸锅，放入茄子千层，设定160℃炸15分钟，最后以200℃炸3分钟即成。

荷叶冬菇栗子鸡

用荷叶包着各种材料来炸，食物带有阵阵荷叶香，味道更有层次。

● 蒸焗效果一流　● 拌饭吃

温度及时间：180℃　10分钟 ▷包好全部材料 ▷150℃　20分钟　　**辅助配件**：烘烤锅

材料（4 人份）

鸡	1/2只
鲜冬菇	2朵
栗子	6粒
干荷叶	2片
上汤	3汤匙

腌料

酱油膏	1茶匙
白砂糖	1/2茶匙
料酒	1茶匙
姜汁	1茶匙
胡椒粉	适量

做法

1. 鸡洗净，用厨房纸巾吸干水分，切块，加入腌料拌匀，腌一晚。

> **TIPS** 应选择体型较小的鸡，因为空气炸锅容量有限。

2. 干荷叶用清水浸软；鲜冬菇去蒂，切半备用。

3. 栗子去壳，用水煮约10分钟，取出，备用。

4. 将两片荷叶刷满油，叠起，备用。

5. 把烘烤锅放入空气炸锅，表面刷油，放入鸡块，以180℃炸10分钟。

6. 取出鸡块，加入鲜冬菇及栗子拌匀，倒在荷叶上，倒入全部材料，包好，荷叶表面再刷油。

7. 放入烘烤锅中，收口向下，再盖上一层锡纸，以150℃炸20分钟即成。

> **TIPS** 炸制期间，可在荷叶上再次刷油，防止叶子太干。

🍳 选购心得

1. 荷叶有新鲜及干品两种，若买到新鲜荷叶，风味更佳。

2. 也可直接购买栗子肉，价钱较贵但可省去剥壳的工夫。

杏鲍菇泡菜年糕卷

杏鲍菇体积粗大，有素食者将其煮熟，撕成丝，做成素肉丝。

● 创意菜式　　● 少肉多蔬菜

温度及时间： 170℃　5分钟 ▷翻面 ▷170℃　2分钟　　**辅助配件：** 浅烤盘/锡纸盘

材料（4人份）

杏鲍菇	1根
泡菜	100克
韩国年糕	8根

酱汁料

韩国辣酱	1茶匙
酱油	2茶匙
白砂糖	1茶匙
清水	100毫升

做法

1. 杏鲍菇洗净，切成薄片，焯至变软，沥干水分。

> **TIPS** 杏鲍菇要焯软才能卷起。

2. 年糕煮2分钟，取出，沥干水分。

3. 在菇片上放适量泡菜及一根年糕，卷起，用牙签固定。

4. 浅烤盘（或锡纸盘）刷油，放上卷好的菇卷。

5. 以180℃预热空气炸锅，放入浅烤盘，在杏鲍菇表面刷上已拌匀的酱汁，设定170℃炸5分钟，翻面，再炸2分钟即成。

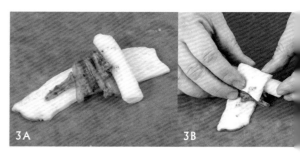
3A　3B
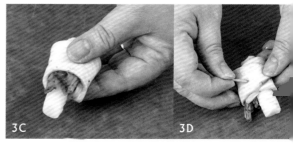
3C　3D

 选购心得

要挑选体型长的杏鲍菇，以方便卷成菇卷。

韩式海鲜煎饼

韩国街头煎饼的配料各有不同，但以葱或韭菜为主。搭配韩式蘸汁吃，非常美味！

● 有嚼劲　● 可选用其他海鲜食材

温度及时间：180℃　5分钟　▷翻面　▷180℃　3分钟　　　**辅助配件**：浅烤盘/锡纸盘

材料（4 人份）

速冻章鱼	10只
速冻蟹柳	4根
韭菜	50克
胡萝卜	1/2个
圆白菜	1/4个
葱	3棵

蘸酱材料

韩国辣酱	2茶匙
韩国大酱	1茶匙
辣椒粉	1/2茶匙
糖浆	2汤匙
白醋	1汤匙
蒜蓉	1茶匙

面糊材料

低筋面粉	100克
糯米粉	50克
泡打粉	1/2茶匙
细盐	1/2茶匙
白砂糖	1茶匙
白胡椒粉	少许
鸡蛋	1个
清水	150~160毫升
植物油	1汤匙

做法

1. 蘸酱材料拌匀，备用。

2. 将所有面糊材料混合拌匀，备用。

3. 速冻章鱼、蟹柳解冻洗净，氽水，沥干水分。

4. 韭菜洗净，切成约5厘米长的小段。

5. 胡萝卜去皮切丝；圆白菜切丝；葱去根切段。

6. 全部材料加入面糊中拌匀。

7. 以180℃预热空气炸锅，放入浅烤盘，刷油，放入适量材料，以180℃炸5分钟，翻面，再炸3分钟即成。

8. 重复这步骤，直至炸完所有材料。

TIPS 蘸酱食用，味道更佳。

🍴 **选购心得**

可至进口超市或电商平台购买韩国煎饼粉，能省去处理面糊的时间。

脆皮烧肉

烧腊店的烧肉，看似做法复杂，其实在家用空气炸锅一样可以做。脆皮效果甚至更胜烧腊店！

● 外皮松脆　● 肉嫩多汁

温度及时间： 200℃　10分钟　▷160℃　20分钟　　**辅助配件：** 烤网

材料（4 人份）

带皮五花肉（四方形）	500克
五香粉	2茶匙
细盐	1茶匙
生抽	2茶匙
胡椒粉	适量

上皮水

白醋	3茶匙
清水	100克
玫瑰露酒	1/2茶匙

做法

1. 上皮水拌匀备用。

2. 五花肉洗净，准备一口大锅，放入五花肉，注水盖过猪肉，煮滚后，转小火煮20分钟。

> **TIPS** 煮肉时，用勺子撇去浮沫。

3. 捞起五花肉，沥干水。

4. 用竹签或叉子在猪皮上戳洞，加入五香粉、盐、生抽、胡椒粉，抹匀。在猪皮一面刷上皮水。

5. 用绳子扎起五花肉，吊起，风干半日（最少2小时）。

> **TIPS** 五花肉风干后，炸制时猪皮会更脆。

6. 以180℃预热空气炸锅，五花肉放在烤网上，皮向上，设定200℃炸10分钟，转160℃再炸20分钟即成。

┌─ 🍳 烹调心得 ─

可以用风扇加速吹干五花肉。

烟熏溏心鸡蛋

平日用锅烹煮烟熏菜式，会令厨房变得"乌烟瘴气"，但现在有空气炸锅，就简单得多了！

● 时间及温度最重要

温度及时间：180℃　5分钟 ▷调味 ▷170℃　10分钟　　**辅助配件**：双层烤架

材料（3 人份）

鸡蛋	3个

调味料

老抽	2汤匙
水	100毫升

烟熏材料

面粉	2汤匙
普洱茶叶	1汤匙
八角	1颗
白砂糖	2汤匙

做法

1. 鸡蛋放入空气炸锅中，设定180℃炸约5分钟。

2. 取出，浸凉水，剥壳，放入塑料袋中，加入调味料摇匀，浸1小时以上。

> TIPS　夏天时，鸡蛋要放入冰箱中浸腌。浸酱油能令鸡蛋上色，品相更佳。

3. 空气炸锅的烤网放上锡纸，放入烟熏材料，再放入双层烤架。

4. 鸡蛋放在双层烤架上，设定170℃炸10分钟即成。

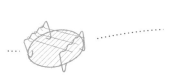   

德国猪手

咸猪手烤至皮脆肉嫩，阵阵咸香，配上啤酒，口味一流！

● 表皮酥脆　● 肉嫩多汁

温度及时间：200℃　10分钟 ▷刷蜂蜜 ▷160℃　5分钟　　　辅助配件：浅烤盘/锡纸盘

材料（4人份）

速冻咸猪手	1只
海盐	4茶匙
白醋	2汤匙
八角	3粒
香叶	5片
花椒	2茶匙
黑胡椒粉	适量
啤酒	2罐
蜂蜜	适量

做法

1. 猪手解冻后，细心地去毛，洗净。

2. 大锅注入清水，放入猪手，余水10分钟，取出，冲洗干净。

　TIPS　水量要盖过猪手。

3. 锅内注入一罐啤酒，加入海盐、白醋、八角、香叶、花椒，煮沸后放入猪手（液体要盖过猪手），煮15分钟，焗至水凉。

　TIPS　盐水要盖过猪手，浸一晚更入味。

4. 取出，用竹签在表皮上扎孔，吊起，彻底沥干水分。

　TIPS　猪皮上扎孔，使烤出来的猪手皮更酥脆。

5. 猪手涂上啤酒，撒上黑胡椒粉，放上浅烤盘（或锡纸盘），刷油。

6. 以180℃预热空气炸锅，放入猪手，设定200℃炸约10分钟。

7. 刷蜂蜜，转160℃再炸15分钟即成。

烤海鲜南瓜盅

南瓜含蛋白质、胡萝卜素及多种维生素，营养价值丰富，加入各种速冻海鲜，是日常的健康菜品。

● 品相好看　　● 宴客菜

温度及时间：160℃　30分钟 ▷撒芝士粉 ▷200℃　5分钟　　　　**辅助配件**：烘烤锅

材料（4人份）

日本南瓜（绿皮）	1个
蒜瓣	3个
速冻虾仁	6只
速冻带子	2粒
速冻青口	2粒
洋葱	1/2个
芝士粉	适量

腌料

细盐	1/2茶匙
胡椒粉	适量

调味料

奶油	100克
黑胡椒碎	适量

做法

1. 南瓜切去顶部的1/3，去子，起肉切丁。

2. 余下的南瓜去子洗净；洋葱去皮切丁；蒜头去皮切末。

> **TIPS** 若南瓜比较厚，可削出部分瓜肉切丁。

3. 虾仁、带子及青口解冻，余水，沥干水分，加入腌料拌匀。

4. 南瓜肉、洋葱丁、蒜末及海鲜材料拌匀，倒入南瓜盅，再注入调味料拌匀。

5. 南瓜盅放入烘烤锅，再放入空气炸锅，设定160℃炸约30分钟。

6. 撒上芝士粉，转200℃炸5分钟。

🍳 选购心得

绿皮的南瓜，口感比较粉糯；选购体积不太大、较扁的南瓜，才适合放入空气炸锅。

盐焗花蟹

不喜欢用锅去烹煮盐焗菜式，因为锅的体积较大，用盐量较多，但改用空气炸锅，做法简单，而且可减少用盐量！

● 原汁原味 ● 材料简单

温度及时间： 180℃ 20分钟 **辅助配件：** 烘烤锅

材料（3人份）

花蟹	3只
粗盐	1千克
五香粉	1/2茶匙

做法

1. 花蟹洗净，沥干水分。

2. 烘烤锅放入空气炸锅，铺上锡纸，放入足够粗盐，加入五香粉拌匀，设定180℃炸10分钟。

3. 取出一半粗盐，放入花蟹，再铺上粗盐，设定180℃炸20分钟即成。

2

> **TIPS** 必须要用锡纸隔开粗盐，以免破坏易洁涂层。

🍳 选购心得

花蟹要选购眼睛有神、蟹爪齐全、且用手触按蟹爪较结实的为佳。圆脐的是母蟹，尖脐的是公蟹，母蟹含有较多蟹膏。不要买太大只，要留意花蟹能否放入空气炸锅。

三色蒸蛋饼

以鸡蛋、咸蛋、皮蛋制成。花点心思，可以做出不平凡的蒸蛋。

● 蛋黄与蛋白分开　● 层次更丰富

温度及时间：140℃　25分钟 ▷加入蛋黄 ▷140℃　5分钟
辅助配件：长方形模具（约宽9厘米、长18厘米）+ 浅烤盘/锡纸盘

材料（4人份）

鸡蛋	4个
咸蛋	2个
皮蛋	2个

调味料

细盐	1/4茶匙
白砂糖	1茶匙
清鸡汤（或清水）	50毫升
胡椒粉	适量

做法

1. 皮蛋去壳，切大块。

2. 咸蛋煮10分钟后去壳，切大块。

   TIPS　煮好的咸蛋用凉水冲洗，比较容易脱壳。

3. 鸡蛋分出蛋黄及蛋清，蛋清中加入一颗蛋黄，打成蛋液；剩余蛋黄打成蛋黄液备用。

4. 蛋液中加入调味料拌匀。

5. 模具内喷油，倒入蛋液，再把皮蛋及咸蛋随意放入。

   TIPS　放入一半咸蛋白便可，否则太咸。

6. 浅烤盘放入空气炸锅，往浅烤盘注入少量清水，再放模具，以140℃炸25分钟。

   TIPS　模具深浅不同，不要用太深的模具，要用竹签测试熟透后，再倒入蛋黄液。

7. 倒入蛋黄液，再炸5分钟。取出切块即成。

5

糖醋两面黄

糖醋两面黄源自上海一带的传统面食，把面煮散，煎至两面金黄香脆，蘸糖醋来吃。这道食谱也可改为炒肉丝或酸甜虾仁！

● 嘎嘣脆　● 炸面也可以极少油

温度及时间：180℃　10分钟　　**辅助配件**：浅烤盘/锡纸盘

材料（4 人份）

全蛋面	2块
糯米粉	少许

糖醋汁

白醋	2汤匙
白砂糖	3茶匙
柠檬汁	1汤匙
凉白开	2汤匙

做法

1. 大锅注入清水，水滚放入面饼，用筷子打散面饼，煮至刚熟，捞起，沥干水分。

　　TIPS　面条沥干水分后，尽快放入浅烤盘定形。

2. 将糯米粉加入面条拌匀，放入已刷上少许油的浅烤盘，用手压平。

　　TIPS　因为不是用油炸，面条较容易散开，加入糯米粉可以让面条粘连在一起。

2

3. 以180℃预热空气炸锅，放入浅烤盘，面条表面刷油，设定180℃炸10分钟即成。

4. 取出，切成四等份盛盘，蘸糖醋汁或砂糖食用。

上海狮子头

上海菜式"红烧狮子头"的大肉丸以油炸成，再用蔬菜烩煮。用空气炸锅把肉丸烤熟，免去油炸，吃得健康！

● 不油炸一样美味　● 更容易掌握火候

温度及时间：180℃　3分钟 ▷翻面 ▷180℃　3分钟
辅助配件：浅烤盘/锡纸盘+牛油纸

材料（2人份）

猪肉馅	200克
鸡蛋	1个
布包豆腐	1/2块
葱	2棵
细盐	1茶匙
娃娃菜	3棵
清鸡汤	250毫升

调味料

酱油	1汤匙
白砂糖	1茶匙
植物油	1茶匙
香油	少许
胡椒粉	1茶匙
玉米淀粉	1茶匙

做法

1. 葱洗净，去根切末；娃娃菜洗净，切成四份；豆腐切粗条。

2. 猪肉馅加入1茶匙盐拌匀，用手顺时针方向搅拌至上筋。

3. 加入调味料和鸡蛋，拌匀。

4. 最后加入葱花拌匀，取出适量，搓成两粒大肉丸。

> **TIPS** 肉丸在双手手掌来回地抛打，让肉丸中的空气排出，使肉丸不易散开。

5. 浅烤盘（或锡纸盘）放上牛油纸，刷油，放入大肉丸。

6. 以180℃预热空气炸锅，放入浅烤盘，大肉丸刷油，设定180℃炸3分钟，翻面，再炸3分钟，取出盛起。

7. 小锅放入清鸡汤，煮滚，加入娃娃菜、豆腐及大肉丸，加盖煮约5分钟即成。

节瓜粉丝炆肉丸（上海狮子头变奏版）

将大肉丸的做法略微修改，加入虾胶制成小肉丸，再加入节瓜、粉丝同煮，又成了一道美味的家常菜！

● 加入虾胶更弹牙　● 肉丸不再油腻

温度及时间：180℃　8分钟　　辅助配件：浅烤盘/锡纸盘

材料（4人份）

猪肉馅	200克	粉丝	1捆
速冻虾仁	8只	盐	少许
节瓜	1个	虾胶	50克

腌料

细盐	1/2茶匙	白砂糖	1/2茶匙
生抽	1/2茶匙	胡椒粉	适量
植物油	1茶匙	清水	2~4茶匙

调味料

| 清鸡汤 | 250毫升 | 蚝油 | 1汤匙 |

做法

1. 节瓜去皮，切块；粉丝浸泡至变软。

2. 速冻虾仁解冻，洗净，吸干水分，用刀拍扁略微碾碎，放入大盆中，加少许盐，顺时针搅拌至起胶，放入冰箱冷藏半小时。

3. 猪肉馅加入腌料拌匀，再加入虾胶，用手顺时针方向搅拌至起胶，放入冰箱冷藏15分钟。

> **TIPS** 可以直接使用虾胶或墨鱼胶。

4. 用勺子取出适量肉浆，搓圆，放在已喷油的浅烤盘（或锡纸盘）中。

5. 以180℃预热空气炸锅，放入浅烤盘，以180℃炸8分钟，其间要取出将肉丸翻面两次，直至呈金黄色，取出肉丸。

6. 不粘锅下油烧热，加入节瓜爆炒，再加入粉丝、肉丸及调味料，加盖煮10分钟即成。

――🍳 选购心得――
泰国粉丝比较爽口。

Part

2

香口小食

虾多士

很多喜欢吃虾多士的人，都怕太油腻不健康。用空气炸锅，只需少量油就可以成功，吃得安心！

- 非常香脆
- 放整只鲜虾更吸引人

温度及时间：170℃ 6分钟　　辅助配件：烤网

材料（8块）

虾胶	100克
鲜虾	8只
去边吐司	2片
低筋面粉	2汤匙
鸡蛋	1个
面包糠	1/2碗

调味料

细盐	1/8茶匙
胡椒粉	少许

🍳 选购心得

可用速冻虾仁代替鲜虾。

做法

1. 鸡蛋打成蛋液；每片吐司切成四等份。

2. 鲜虾去壳，去虾线，用厨房纸巾吸干水分，加入调味料拌匀。

> **TIPS** 鲜虾放入冰箱冷冻30分钟，容易脱壳。

3. 在每片吐司上涂适量虾胶，然后放上一只鲜虾。

> **TIPS** 虾胶上放一只鲜虾，品相更美观。

4. 低筋面粉、蛋液、面包糠分别放在三只小碟中。

5. 将放有鲜虾的吐司蘸上少许低筋面粉，再蘸蛋液，最后裹上面包糠，轻轻按实。

6. 以180℃预热空气炸锅，烤网刷油，放上虾多士，设定170℃炸6分钟即成。

棉花糖花生米通

米通做法简单，味道香甜，加入不同材料，可做出不同味道，是日常小吃的佳品。

● 香脆 ● 甜度刚刚好

温度及时间：花生180℃　8分钟 ▷黄油、棉花糖140℃　10分钟　　　**辅助配件**：烘烤锅

材料（4人份）

玄米粒（糙米粒）	200克	棉花糖	80克
花生	50克	黄油	30克
黑葡萄干	20克		

做法

1. 花生放入烘烤锅，设定180℃炸8分钟，其间要不时摇匀，令花生炸得均匀。

2. 取出花生，稍微放凉后，去皮备用。

3. 将黄油及棉花糖放入烘烤锅中，设定140℃炸10分钟，其间要搅拌数次，直至完全化开。

4. 取出烘烤锅，立即加入玄米粒、黑葡萄干及花生，快速拌匀。

> TIPS　加入不同果仁，可令口感更丰富。

5. 模具铺上烘焙不粘布，倒入混合物，再覆上另一块不粘布，趁热用手按平、压实。

5

6. 待凉后，切块即成。

── 👨‍🍳 选购心得 ──

若买不到玄米粒，用盒装卜卜米亦可。

炸红薯条

炸成一根根红薯条，单是品相已经十分吸引人。

● 健康零食　● 高纤　● 减油

温度及时间：170℃　12分钟　　**辅助配件**：烘烤锅

材料（2人份）

红薯	2个
白砂糖	2汤匙

--- 🍳 选购心得 ---

选择较甜且深色的红薯，成品会美观一点。

做法

1. 红薯洗净，切薄片，再切成细条。

2. 放入清水中浸泡一会儿，捞出沥干水分。

3. 以180℃预热空气炸锅，放入烘烤锅，刷油，放入红薯条，喷油，设定170℃炸12分钟，其间加入白砂糖摇匀。

TIPS　若没有烘烤锅，可直接放在烤网上。

炸薯片（炸红薯条变奏版）

与炸红薯条的做法相似，不过改为土豆。炸薯片基本上用很少油，吃得更安心。

● 健康　● 香脆

温度及时间：150℃　12分钟 ▷翻面 ▷180℃　5分钟
辅助配件：烤网

材料（2人份）

土豆	1个
细盐	少许

做法

1. 土豆去皮，刨成薄片，用水泡5分钟，换水再泡，沥干水分。

> TIPS　刨得越薄越好，不要用刀切，否则太厚难炸透。泡水可去除淀粉，令薯片更脆。

2. 以180℃预热空气炸锅，烤网喷油，薯片平铺，喷油，以150℃炸12分钟，其间翻面一次。

3. 撒上细盐，转180℃炸5分钟即可。

> TIPS　若想更加香脆，可以待薯片凉后，以150℃再炸5分钟。想做出不同味道，加入不同味道的调味粉即可！

🍳 **烹调心得**

薯片要尽量沥干水，才容易做得酥脆。

鲜虾春卷

春卷皮可制作很多不同菜式，常备一包放在冰箱，方便又实用。

- 虾尾外露   - 酥脆

温度及时间： 160℃   6分钟 ▷刷蛋液 ▷200℃   2分钟   **辅助配件：** 烤网

材料（4人份）

大虾	6只
春卷皮	3块
虾胶	100克
鸡蛋	1个

腌料

细盐	少许
胡椒粉	适量

做法

1. 大虾去壳，保留尾部的壳，去虾线，沥干水分，加入腌料拌匀。

2. 鸡蛋打成蛋液。

3. 将春卷皮切半，中间涂上适量虾胶，放上大虾，卷起，用蛋液埋口。

3

4. 以180℃预热空气炸锅，烤网刷油，设定160℃炸6分钟。

> TIPS   可蘸泰式鸡酱食用。

5. 取出刷蛋液，以200℃再炸2分钟即成。

琥珀核桃

用空气炸锅炸制的核桃加入糖浆、撒上芝麻，无须油炸，就能做出可口的坚果零食。

● 简单无油　● 金黄香脆

温度及时间：180℃　10分钟　　**辅助配件**：烘烤锅

材料（4人份）

核桃仁	200克
白芝麻	适量

糖浆材料

麦芽糖	2汤匙
黑糖	2汤匙
水	100毫升

做法

1. 核桃仁以盐水煮3分钟，沥干水分。

> TIPS 盐水可除去核桃皮的苦涩味。

2. 烘烤锅放入空气炸锅，加入核桃仁，以180℃炸10分钟，取出，放凉。

> TIPS 若没有烘烤锅，可直接放在空气炸锅的烤网上。烘烤核桃仁期间，要搅拌数次，让每粒核桃仁都香脆。

3. 小锅加入糖浆材料，以中小火把糖煮至起泡，颜色变深，熄火。

4. 加入已炸好的核桃仁，快速拌匀。

5. 用网筛捞起核桃，撒上白芝麻，摇匀。

6. 倒在烘焙布上，趁热尽快用筷子拨开摊平，防止粘连。放凉后即可食用。

培根酥皮卷

看起来好像很难吗？错了！只要有速冻酥皮，就能轻松做出各式各样的酥皮美食。

● 十分好用的速冻酥皮　● 卷其他材料也可以

温度及时间：160℃　10分钟 ▷刷蛋黄液 ▷200℃　3分钟　　辅助配件：蛋糕模

材料（4 人份）

速冻酥皮	2张
培根	8片
蛋黄	1个

烹调心得

速冻酥皮从冷冻室取出大约 5 分钟便会软化，不能放太久，过软难以卷起。

做法

1. 酥皮从冰箱取出，回软，切成四等份的长条。

2. 铺上一片培根，从一边卷起，收口轻轻捏实。

3. 重复以上步骤，卷好每块酥皮卷。

4. 以180℃预热空气炸锅，放入蛋糕模，设定160℃炸10分钟。

TIPS　卷起的酥皮，用蛋糕模固定，可避免爆开。

5. 取出，刷上蛋黄液，转200℃炸3分钟至上色即成。

脆炸木瓜鲜奶

有没有想过，鲜奶可以炸呢？想特别一点，用木瓜鲜奶去炮制，充满惊喜！

● 好神奇　● 绝不油腻　● 奶香十足

温度及时间：180℃　6分钟　　辅助配件：烤网

材料（2人份）

木瓜鲜奶	250毫升
白砂糖	40克
琼脂	6克
玉米淀粉	2汤匙

其他材料

面粉	2汤匙
鸡蛋	1个
面包糠	1碗

做法

1. 琼脂浸软，剪碎。

2. 小锅加入木瓜鲜奶、琼脂、玉米淀粉及砂糖，煮至琼脂化开，过筛一次，倒入盒中，盖上保鲜膜，放凉。

> TIPS　要贴面盖上保鲜膜，以免表面层变硬。

3. 取出，切长条，将面粉、蛋液、面包糠分别放在三只小碟中。

4. 将木瓜鲜奶依序蘸上面粉、蛋液及面包糠。

5. 以200℃预热空气炸锅，烤网刷油，放入木瓜鲜奶，喷油，设定180℃炸6分钟即成。

台式蚵仔煎

蚵仔即牡蛎。这道是台湾夜市的经典小吃。与潮州蚝饼不太一样，台式蚵仔煎会加上鸡蛋，而且配上酱汁享用。

● 口感扎实　● 牡蛎粒粒饱满

温度及时间： 180℃　4分钟 ▷加蛋液、葱碎 ▷200℃　3分钟
辅助配件： 浅烤盘/锡纸盘

材料（4 人份）

牡蛎	500克
鸡蛋	2个
葱	6棵

腌料

细盐	1/2茶匙
玉米淀粉	2茶匙

粉浆材料

糯米粉	100克
红薯粉	50克
水	200毫升
细盐	1茶匙
胡椒粉	适量

酱汁料

番茄酱	2汤匙
酱油膏	1茶匙
糖浆	2汤匙
清鸡汤	100毫升
玉米淀粉	1茶匙

做法

1. 牡蛎用腌料拌匀，静置5分钟后，用水清洗干净，余水，沥干水分，备用。

2. 小锅注入所有酱汁料，以小火煮滚，备用。

3. 葱去根切碎；鸡蛋打成蛋液。

4. 粉浆材料拌匀，再加入牡蛎拌匀。

5. 以180℃预热空气炸锅，放入浅烤盘，刷油，倒入适量粉浆。

5

6. 设定180℃炸4分钟，然后在蚵仔煎表面加上2汤匙蛋液及葱碎，刷油，再以200℃炸3分钟。

6

7. 出锅，淋上酱汁即可。

风琴芝薯

把整个土豆切成一层层来气炸，易熟之余，又很有卖相。

● 香喷喷的烤土豆　● 芝士味十足

温度及时间：160℃　20分钟　　**辅助配件**：烤网

材料（2人份）

土豆	2个
培根	2片
混合芝士	200克
意大利香草	适量

调味料

蒜盐	适量
黑胡椒碎	适量
红椒粉	适量
黄油	适量

做法

1. 土豆洗净外皮，擦干水分。

2. 把两只筷子垫在土豆底部两边，用刀薄切成风琴状。

> **TIPS** 在筷子的帮助下，不会把土豆切断。

3. 培根切丝，与混合芝士拌匀。

4. 调味料撒在土豆上，细心地在每片土豆之间都放入培根芝士。

5. 以180℃预热空气炸锅，烤网刷油，放上土豆，设定160℃炸20分钟即成。最后，用意大利香草点缀。

🍴 **选购心得**

混合芝士包含两三种芝士，一般在超市看到包装上写着"Pizza cheese"便是。

葱花虾米薄饼

传统中式薄饼的材料很简单，只有虾米及葱花。以前一般家庭没有太多食材，在有限的食材下，加入粉浆做成一片片软糯的薄饼，成为生活上的小吃。

● 不油腻　● 材料足

温度及时间：180℃　3分钟 ▷翻面 ▷200℃　2分钟　　**辅助配件**：浅烤盘/锡纸盘

材料（4 人份）

虾米	20克
葱	2棵

粉浆材料

糯米粉	120克
粘米粉	50克
清水	180毫升
植物油	2茶匙
细盐	1/2茶匙
胡椒粉	适量

做法

1. 虾米泡水至变软，沥干水分，切碎备用；葱去根，切碎。

> TIPS　可改用樱花虾代替虾米。

2. 粉浆材料拌匀，静置10分钟。

> TIPS　不同牌子的粉类吸水能力不同，若发现粉浆过稠，可逐次少量加入清水，拌匀至适合程度。

3. 把虾米及葱碎加入粉浆中拌匀。

4. 以180℃预热空气炸锅，浅烤盘（或锡纸盘）刷油，注入适量材料，喷油，设定180℃炸3分钟。

5. 翻面，以200℃炸2分钟即成。

章鱼大阪烧

一粒粒章鱼烧，品相可爱，但要购买章鱼烧模才可以做。不如做成煎饼，像大阪烧一样，做法简单很多！

● 不比章鱼烧逊色　● 无油烟

温度及时间：180℃　5分钟 ▷翻面 ▷180℃　3分钟　　**辅助配件**：浅烤盘/锡纸盘

材料（2人份）

速冻章鱼丸	20颗
圆白菜	1/4个
章鱼烧酱	适量

调味料

细盐	1/4茶匙
白砂糖	1/2茶匙
胡椒粉	适量

粉浆材料

章鱼烧粉	100克
鸡蛋	1个
清水	80毫升

做法

1. 速冻章鱼丸洗净，沥干水分；圆白菜切碎洗净。

2. 粉浆材料拌匀，按次序加入调味料、章鱼丸及圆白菜，拌匀。

3. 浅烤盘（或锡纸盘）放入空气炸锅，喷油，以180℃预热空气炸锅。倒入适量材料，喷油，设定180℃炸5分钟，翻面，再炸3分钟即成。

4. 食用时淋上章鱼烧酱。

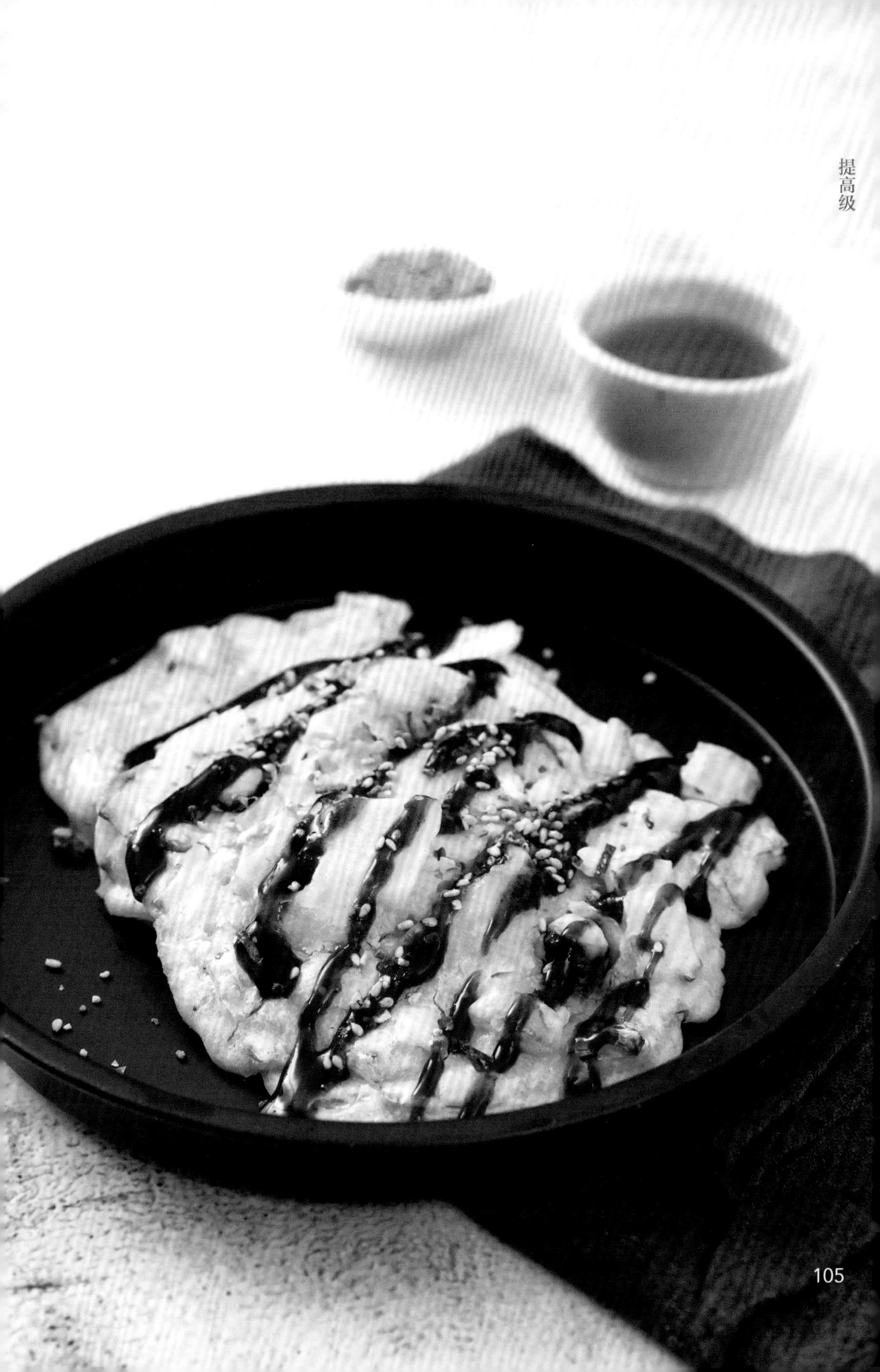

咖喱猪肉酥卷

在面包店经常买到的猪肉卷，这次加入咖喱酱同煮，更加美味！

● 香喷喷　　● 不能缺少的派对美食

温度及时间：160℃　10分钟 ▷刷蛋液 ▷180℃　3分钟　　　辅助配件：烤网 + 烘烤锅

材料（4人份）

速冻酥皮	2块
猪肉馅	100克
蘑菇	5个
洋葱	1/2个
鸡蛋	1个
蒜蓉	1茶匙

腌料

细盐	1/2茶匙
生抽	1/2茶匙
植物油	1茶匙
白砂糖	1茶匙
料酒	1茶匙

调味料

咖喱酱	2茶匙
白砂糖	1茶匙

做法

1. 酥皮从冰箱取出，回软，备用。

2. 猪肉馅加入腌料拌匀。

    TIPS　可以用牛肉或鸡肉代替猪肉。

3. 洋葱去皮切丁；蘑菇去蒂切丁；鸡蛋打成蛋液。

4. 烘烤锅放入空气炸锅，刷油，放入洋葱丁，以180℃炸3分钟。

5. 加入蘑菇、猪肉馅、蒜蓉及调味料，喷油，拌匀，以180℃炸3分钟，取出，拌匀成为咖喱猪肉馅料。

    TIPS　不吃辣的话，可不加咖喱酱。

6. 酥皮切成四等份，每片放入适量馅料，对折，两边用叉子压平收口。

7. 猪肉酥卷刷上蛋液，用小刀在酥皮表面划三刀。

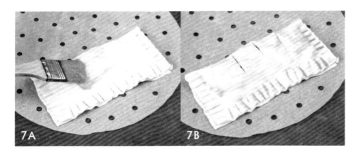

8. 以180℃预热空气炸锅，烤网刷油，放上猪肉酥卷，设定160℃炸10分钟。

9. 刷蛋液，以180℃炸3分钟即成。

Part

3

餐
包
和
早
面

芝心餐包

面包加入香浓芝士，无法抗拒的味道！若不加芝士，即成普通餐包。

● 香喷喷出炉

温度及时间： 170℃　15分钟　　　**辅助配件：** 长方形烤模

面团材料（4个）

高筋面粉	150克
奶粉（可不加）	10克
白砂糖	20克
细盐	2克
酵母粉	4克
牛奶	35克
水	50克
无盐黄油	20克

馅料

意大利芝士片	1片

刷面材料

蛋黄	1个

做法

1. 芝士片切成四等份，备用。

　TIPS　可用意大利芝士碎代替芝士片。

2. 面团材料（除了黄油）放入大盆中，搓揉均匀成团。

3. 加入黄油，继续搓揉至光滑，盖上保鲜膜，发酵至两倍大。

4. 取出面团，排气，分成约70克一份，搓圆，盖上保鲜膜，静置10分钟。

5. 工作台撒上手粉（高筋面粉），把每份小面团压平，包上一小片芝士，埋口，搓圆，整齐排列在烤模内。

6. 喷上少许水，加盖，进行最后一次发酵（约30分钟）至一倍大。

7. 以180℃预热空气炸锅，面团刷上蛋液，设定170℃炸约15分钟至上色即成。

芝士牛角酥

很多人喜欢吃牛角酥，但制作过程比较繁琐，这次改以速冻酥皮制作，简单得多！

● 外皮松脆　● 充满黄油芝士香

温度及时间： 150℃　25分钟 ▷刷蛋液 ▷200℃　5分钟　　　　**辅助配件：** 烤网

材料（6个）

速冻酥皮	2片
黄油	100克
帕玛森芝士碎	20克

刷面材料

蛋黄液	适量

做法

1. 速冻酥皮室温回软；黄油隔水加热使其化开。

2. 酥皮刷上黄油，切成三等份，每份沿对角线再切成三角形。

3. 三角形酥皮从宽的一边开始卷起，卷至尾部，轻轻按压尖端酥皮，埋口，成牛角包形。

4. 以180℃预热空气炸锅，烤网刷油，排上牛角酥，刷黄油，撒上芝士，设定150℃炸25分钟。

5. 取出，刷上蛋液，转200℃炸5分钟。

> TIPS　酥皮一定要烤透，若有透明部分，即表示未熟透。

早餐土豆饼

不用再去餐厅买土豆饼啦！你可以一次制作多一点，放在冰箱冷冻，早上想吃时就用空气炸锅加热。

● 新鲜出炉最好吃

温度及时间： 150℃　10分钟 ▷塑形 ▷200℃　10分钟　　**辅助配件：** 烤网 + 烘烤锅

材料（4个）

土豆	3个
细盐	1/2茶匙
糯米粉	1汤匙
玉米淀粉	少许

做法

1. 土豆去皮，切片，再切丁。

2. 烘烤锅放入空气炸锅中，刷油，加入土豆丁，设定150℃炸约10分钟。

3. 取出，趁热加入细盐、糯米粉拌匀。

4. 用手搓成土豆饼形状（厚约5毫米），撒上少许玉米淀粉。

   TIPS　若想做出更美观的造型，可以用模具压出一式一样的土豆饼。

5. 以180℃预热空气炸锅，烤网刷油，以200℃炸10分钟，其间翻面一次。

   TIPS　炸好的土豆饼，待凉后可以放在冰箱冷冻储存，要吃的时候只
   　　　需要180℃炸5分钟即可。

焗牛油果肉碎

牛油果营养价值高，越来越多人喜欢早餐吃牛油果，不妨试试这个吃法，一定让你耳目一新！

● 牛油果新"煮意"

温度及时间：170℃　15分钟　　**辅助配件：**烤网

材料（2人份）

牛油果	1个
猪肉馅	100克
芝士碎	50克

腌料

细盐	1/4茶匙	植物油	1茶匙
白砂糖	1/2茶匙	黑胡椒粉	适量

做法

1. 猪肉馅加入腌料拌匀，腌15分钟。

2. 加入芝士碎拌匀。

3. 牛油果切半，去核，肉馅填入果核位置。

4. 以180℃预热空气炸锅，放入牛油果，设定170℃炸15分钟即成。

选购心得

牛油果要早一两日购买，待熟透才适合制作。

软心芝士麻薯波波

面包店常见的麻薯波波，自己在家也能轻松制作！软糯的口感加上香浓芝士，一口接一口，怎能抗拒？

● 新鲜出炉最好吃

温度及时间：160℃　12分钟　　　**辅助配件**：烤网+牛油纸

面团材料（14颗）

糯米粉	120克
木薯粉	15克
奶粉	20克
芝士粉	20克
白砂糖	30克
黄油	30克
全蛋液	50克
牛奶	60克

馅料

意大利芝士碎	100克

做法

1. 将所有粉类混合好，过筛一次。

2. 黄油隔水加热使其化开，加入砂糖、蛋液及牛奶拌匀。

3. 再加入混合粉中，搓成面团。

4. 将面团分成约25克一份，每份包入适量意大利芝士碎，埋口，搓圆。

> **TIPS**　若喜欢吃芝士，搓圆后，表面撒上少量帕玛森芝士碎，味道更香。

5. 以180℃预热空气炸锅，烤网放上牛油纸，排放芝士面团，设定160℃炸12分钟即成。

中式韭菜饼（**牛肉包变奏版**）

中式糕饼变化多样，包入不同馅料，便能成为咸甜糕饼。

● 满满多汁的韭菜馅

温度及时间：180℃　10分钟　　　**辅助配件**：浅烤盘/锡纸盘

材料（4人份）		调味料	
韭菜	250克	植物油	2茶匙
中筋面粉	150克	细盐	1/2茶匙
温水	80克	白砂糖	1/2茶匙
		胡椒粉	适量

做法

1. 韭菜洗净，切碎。

2. 起锅，下油烧热，韭菜加入调味料炒熟，榨干水分，备用。

3. 中筋面粉放入大碗中，加入温水，用筷子拌匀，倒在工作台上，搓成不粘手的面团。盖上保鲜膜，松弛半小时。

4. 面团分成四等份，擀成圆形，包入适量馅料，埋口，压平，擀薄成圆饼。

5. 以180℃预热空气炸锅，浅烤盘（或锡纸盘）放上韭菜饼，两面刷油，设定180℃炸约10分钟，其间翻面一次。

> **TIPS** 要炸至两面金黄才好吃，若未达到金黄，可加长炸制时间。

椰宾

想不到用空气炸锅也能够做出专业水准的面包吧?

● 香喷喷椰丝黄油馅

温度及时间: 170℃　15分钟 ▷刷蛋液 ▷180℃　5分钟
辅助配件: 浅烤盘/圆形锡纸盘

面团材料（6人份）

高筋面粉	220克
奶粉	20克
白砂糖	30克
细盐	少许
全蛋液	50克
牛奶	100克
酵母粉	1茶匙
温水	20克
米糠油	25克

椰丝馅材料

椰丝	120克
白砂糖	70克
鸡蛋	1个
黄油	35克

刷面材料

蛋黄液	适量

做法

1. 椰丝黄油馅做法: 黄油室温回软, 加入鸡蛋拌匀, 再加入砂糖及椰丝拌匀成馅料, 放入冰箱冷藏备用。

TIPS 馅料可预先制作, 放在冰箱储存。

2. 酵母粉用温水拌匀, 静置10分钟。

3. 将所有面团材料（除了米糠油）加入大盆中, 拌匀后, 倒在工作台上, 搓揉至光滑; 加入米糠油, 再搓揉至起薄膜。

4. 面团放入已刷油的大碗, 发酵至两倍大。

5. 取出, 用手压出空气, 分割成8小份（每份50克）及1大份（约65克）, 每份滚圆后, 盖上保鲜膜, 静置15分钟。

6. 小面团压扁, 擀长, 均匀放上椰丝馅, 把面团卷起, 放入圆形锡纸盘, 重复以上步骤, 卷好全部面团, 最后的大面团放在锡纸盘中间。

TIPS 多出的馅料可存放在冰箱, 待下次使用。

7. 空气炸锅以100℃预热2分钟, 熄火, 在面团上喷水, 放入空气炸锅, 发酵至一倍半大。

8. 设定170℃炸15分钟。刷上蛋黄液, 转180℃炸5分钟即成。

牛肉包

一款美味的中式包子。做好的牛肉包，以空气炸锅煎香，特别美味。

● 一口下去，鲜嫩多汁

温度及时间：180℃　15分钟　　　**辅助配件**：烤网

面团材料（8个）

中筋面粉	250克
清水	150克
酵母粉	5克
细盐	1/2茶匙
植物油	2茶匙

牛肉馅材料

牛肉馅	400克
洋葱	1个
葱	3棵
姜末	1茶匙

芡汁材料

玉米淀粉	2茶匙
清水	4汤匙

调味料

细盐	2茶匙
植物油	2茶匙
胡椒粉	1/2茶匙
料酒	1茶匙

做法

1. 洋葱去皮切丁，葱去根切碎备用。

2. 面团材料（植物油除外）放入大盆中，用筷子拌匀后，倒在工作台上，搓揉约10分钟，加入植物油搓至光滑。

3. 放入已刷油的大盆中，喷水，盖上保鲜膜，发酵至两倍大。

4. 牛肉馅加入姜末、调味料，拌匀略腌。

5. 锅下油烧热，加入洋葱丁及葱碎，炒香后，下牛肉拌匀，最后埋芡即成，待凉。

6. 取出面团，排气，分成八等份，擀成皮，包入适量牛肉馅，埋口，收口向下，略微压扁。

7. 以180℃预热空气炸锅，烤网放入牛肉包，刷油，设定180℃炸约15分钟，其间翻面一次，炸至两面金黄即成。

👨‍🍳 烹调心得

怕热气的话，可改用蒸的方式。可以用猪肉代替牛肉，制成猪肉包。

双色熊仔手撕包

做成各种卡通玩具造型的面包，小朋友一定喜欢

● 花一点点耐心　● 造型不困难

温度及时间：160℃　18分钟
辅助配件：浅烤盘/圆形锡纸盘

面团材料 (9个)				刷面材料	
高筋面粉	220克	水	40克	可可粉	20克
白砂糖	10克	无盐黄油	15克	巧克力浆	少许
细盐	1/4茶匙	酵母粉	3克		
鲜奶	80克	温水	50毫升		

做法

1. 干酵母用50毫升温水拌匀，静置10分钟。无盐黄油室温软化。

2. 将所有面团材料（除了黄油）放入大盆中拌匀，倒出在工作台上搓揉成团。

3. 搓揉10分钟左右，当面团较光滑时，便可放入已软化的无盐黄油。

4. 继续搓至面团光滑，先取180克作为原色面团，搓圆，放入已刷油的大盆中，盖上保鲜膜，发酵至两倍大。

5. 其余面团加入可可粉，继续搓揉均匀，放入已刷油的大盆中，盖上保鲜膜，发酵至两倍大。

6. 将面团分别取出排气，原色面团切割成4份40克的面团，搓圆，余下的搓成耳朵及鼻子。

7. 咖啡色面团分成4份40克和1份60克的面团，搓圆，余下的搓成耳朵及鼻子。

8. 将两只耳朵放在相应颜色的面团上；而咖啡色鼻子则放在原色面团上，原色鼻子放在咖啡色面团上。

9. 将面团在圆形锡纸盘内整齐排放好，将较大的咖啡色面团放在中间，发酵至一倍大。

10. 以180℃预热空气炸锅，放入整盆面团，以160℃炸约18分钟即成。

11. 用巧克力浆在面包表面画上眼睛及鼻孔即成。

☞ 烹调心得

1. 若买到天然色粉，可以用其取代食用色素，吃得更健康。

2. 天气及湿度会影响面团的发酵程度，所以要视面团的状况增减发酵时间。天气干燥时，喷水有助于发酵；天气寒冷时，发酵时间较长。

Part

4

中式糕饼

简易蛋黄莲蓉酥

中式酥皮点心，都可以用速冻酥皮制作。香酥的饼皮，令人难忘。

● 简化版但不失美味

温度及时间：180℃　15分钟 ▷刷蛋液、撒芝麻 ▷180℃　8分钟
辅助配件：浅烤盘/锡纸盘

材料（4个）

速冻酥皮	1块

其他材料

蛋黄	1只
黑芝麻	少许

馅料

咸蛋黄	4只	玫瑰露酒	少许
白莲蓉	200克	植物油	1茶匙

做法

1. 速冻酥皮室温回软。

2. 将咸蛋黄放入浅烤盘，洒上少许玫瑰露酒，放入空气炸锅，以140℃炸8分钟，取出备用。

3. 白莲蓉加入1茶匙油，搓滑，分成四等份，包入一粒咸蛋黄，搓圆。

4. 酥皮切成四等份，每块包一份蛋黄莲蓉馅，包好。

5. 剪掉底部多出的酥皮，收口向下。

6. 以180℃预热空气炸锅，浅烤盘刷油，放上蛋黄莲蓉酥，设定180℃炸15分钟。

7. 刷上蛋黄液，撒上少许黑芝麻，以180℃再炸8分钟即成。

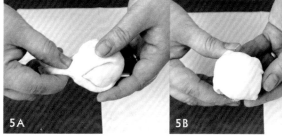

紫薯饼

用新鲜的紫薯做成软糯的小饼。改用空气炸锅，可减少用油量。

● 高纤　● 香甜　● 素食

温度及时间：180℃　15分钟　　　**辅助配件**：浅烤盘/锡纸盘

材料（10个）

糯米粉	180克
粘米粉	20克
紫薯	170克
白砂糖	30克
植物油	2茶匙
水	150毫升
豆沙馅	200克

做法

1. 糯米粉、粘米粉混合；豆沙馅分成十等份，搓圆备用。

2. 紫薯煮熟，去皮，用叉子压成泥。

3. 紫薯泥加入砂糖，筛入粉类，搓匀。

4. 将水少量逐次加入，搓揉成团。

TIPS　不同牌子的粉，吸水力不同，要视情况增减水量。

5. 加入植物油，搓成光滑粉团，盖上保鲜膜，静置15分钟。

6. 粉团分成十等份，压平，包入一粒豆沙馅，埋口搓圆，再用手压扁。

TIPS　不加入馅料亦可制成，只要将粉团搓好再压平即可。

7. 以180℃预热空气炸锅，浅烤盘（或锡纸盘）刷油，再放入粉团，喷油，设定180℃炸15分钟即成。

凤梨酥

凤梨酥是去台湾必买的小礼物，不同牌子的风味各有不同，馅料都是以凤梨炒成的。其实用空气炸锅一样可以轻松做到！

● 新鲜出炉的凤梨酥特别香

温度及时间：170℃　8分钟 ▷翻面 ▷170℃　6分钟　　**辅助配件**：烤网+凤梨酥模

材料（10块）

无盐黄油	75克
全蛋液	30克
糖粉	20克
低筋面粉	100克
奶粉	25克
苏打粉	1/4匙
凤梨馅	150克

做法

1. 无盐黄油室温软化，加入糖粉，打发成乳白色。

2. 加入全蛋液。

3. 筛入低筋面粉、奶粉，拌匀，揉成面团。

4. 凤梨馅分成每份15克，搓圆备用。

5. 将面团分成每份约25克，每份小面团包入一粒凤梨馅，搓圆，放入凤梨酥模中，压平，以九分满为准。

6. 以170℃预热空气炸锅，烤网放上凤梨酥，设定170℃炸8分钟，翻面，再炸6分钟即成。

> **TIPS** 有些空气炸锅要将凤梨酥翻面，才可炸到两面金黄。

🍴 **选购心得**

现成的凤梨馅在烘焙店有售，省时方便；亦可自制。

冷糕

冷糕又名钵仔糕，也被叫作夹饼，在广东的街边档口，一个大煎盆，煎起一大块松饼，馅料有花生酱加炼乳或砂糖加花生粒。

● 回味怀旧美食

温度及时间： 160℃　10分钟　　**辅助配件：** 浅烤盘/锡纸盘

粉浆材料（4块）

低筋面粉	140克
苏打粉	1/2茶匙
泡打粉	1/2茶匙
鸡蛋	1个
温水	150毫升
椰浆	50克
酵母粉	5克
白砂糖	40克
黄油	15克

馅料

花生仁	50克
白砂糖	100克
花生酱	50克
炼乳	330克
黄油	50克

做法

1. 黄油隔水加热使其化开；把所有粉浆材料按次序放入大盆中，搅拌均匀，过筛一次，盖上保鲜膜，静置1小时。

TIPS 可以用清水代替椰浆。

2. 花生仁放入空气炸锅中，设定180℃炸10分钟，取出，去皮，压碎，加入砂糖拌匀。

3. 花生酱加入炼乳拌匀；黄油室温软化备用。

4. 以180℃预热空气炸锅，放入浅烤盘（或锡纸盘），刷油，注入适量粉浆，设定160℃炸10分钟，至面糊出现气孔。

5. 取出，趁热涂上黄油，再涂上花生酱炼乳，撒上适量花生碎砂糖，对折即成。

TIPS 馅料可以加入椰丝，令味道更丰富。

葱油饼

葱花加盐，简单的材料就可以做出香脆的葱油饼！

温度及时间：180℃　7分钟 ▷翻面 ▷180℃　5分钟　　**辅助配件**：浅烤盘/锡纸盘

材料（2张）

中筋面粉	160克
热水	60毫升
凉白开	30毫升

馅料

葱末	1碗
椒盐	适量
植物油	1/2碗

做法

1. 将中筋面粉放入大盆中，倒入热水，用筷子拌均匀，再加入凉白开，用手搓揉成光滑面团。

2. 面团放入大盆中，盖上保鲜膜，松弛30分钟。

3. 工作台撒上手粉（即高筋面粉，材料外），将面团分成二等份，擀薄成长方形。

4. 在表面均匀地刷植物油，撒上适量椒盐，再均匀铺上葱末。

TIPS　葱切好后，要沥干水分。

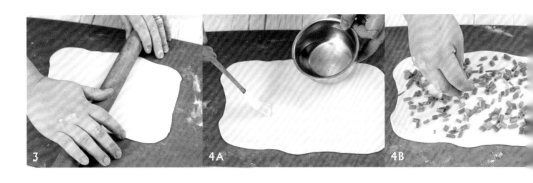

5. 从面皮的一边卷起，卷成条，头尾收口。

6. 再取一端向内卷，成螺旋状。

7. 盖上保鲜膜，静置20分钟。

8. 取出，先用手压扁，再擀薄。

9. 以180℃预热空气炸锅，放入浅烤盘（或锡纸盘），刷油，放入一片葱油饼面团，再刷油，设定180℃炸7分钟，翻面，再炸5分钟即成。

🍳 烹调心得

用猪油代替植物油，葱油饼会更酥。

花生酥

粒粒金黄松脆，充满香浓的花生味道！

● 好吃到停不下来　　● 送礼自用两相宜

温度及时间：160℃　15分钟　　　辅助配件：烤网+牛油纸

材料（20块）

粗粒花生酱	60克
低筋面粉	100克
苏打粉	1/4茶匙
蛋清	1个
白砂糖	60克
猪油	60克
去皮花生	10粒

做法

1. 低筋面粉加入苏打粉混合好，过筛一次。

2. 猪油加入砂糖，搅拌均匀。

3. 加入粗粒花生酱、蛋清，拌匀。

TIPS　选用粗粒花生酱比较有口感。

4. 筛入做法1的混合粉，拌匀制成面团。

5. 将面团分成约15克一份，搓圆，放上半粒花生，轻轻压实。

6. 以180℃预热空气炸锅，烤网上先放一张牛油纸，再放上小面团，设定160℃炸15分钟即成。

TIPS　花生酥出炉后要放凉再拿起，否则很易弄散。

豆沙锅饼

豆沙锅饼是我每次到上海必吃的甜品。豆沙用红豆制成，清香，口感绵密，甜而不腻。

● 现成豆沙馅　● 更简单易做

温度及时间：180℃　10分钟　　　**辅助配件**：浅烤盘/锡纸盘

材料（4人份）

中筋面粉	200克	植物油	1茶匙
鸡蛋	1个	热水	80毫升
白砂糖	20克	豆沙馅	120克

做法

1. 豆沙馅分成二等份，搓圆。

2. 中筋面粉加入白砂糖拌匀；鸡蛋打成蛋液，备用。

3. 热水倒入中筋面粉中，用筷子快速拌匀。

4. 加入蛋液、植物油拌匀，搓成面团，盖上保鲜膜，静置20分钟。

5. 面团分成二等份，每份放上一份豆沙馅，包好，擀成长方形。

6. 以180℃预热空气炸锅，浅烤盘（或锡纸盘）放上锅饼，两面刷油，以180℃炸10分钟，其间翻面一次。盛盘时切成小块食用。

🍴 选购心得

豆沙馅在超市或烘焙店有售，不用自制更省时方便。

芝麻薄片

芝麻又名胡麻，据说多吃黑芝麻能让头发乌黑亮丽。黑芝麻的菜式有很多，包括这道香脆的芝麻薄片。

- 好吃到停不下来 ● 送礼自用两相宜

温度及时间：170℃ 6分钟   **辅助配件**：浅烤盘/锡纸盘+牛油纸

材料（4人份）

黑芝麻	60克
白芝麻	30克
白砂糖	60克
猪油	30克
蛋清	2个
低筋面粉	50克

做法

1. 黑、白芝麻洗净，沥干水分。

2. 放入空气炸锅的浅烤盘中，设定160℃炸约5分钟，其间要翻动数次。

> TIPS 可选购已烘焙的芝麻，省去炒芝麻的时间。

3. 把所有材料放入大盆中，拌匀。

4. 准备圆形浅烤盘，放上牛油纸，注入适量材料，用小匙抹成圆形。

> TIPS 若想省时，可将材料铺满牛油纸来烤，烤熟放凉，再撕成大碎片来吃。

5. 以180℃预热空气炸锅，放入浅烤盘，以170℃炸6分钟，取出放凉，撕去牛油纸即成。

> TIPS 刚炸好的芝麻薄片，取出时较软，放凉后再撕去牛油纸才不会影响品相。

芝麻酥饼

芝麻香口美味，用来制作酥脆的中式饼类，最适合不过。

● 酥脆香口　　● 芝麻画龙点睛

温度及时间：170℃　10分钟　　　**辅助配件**：浅烤盘/锡纸盘

面团材料（10 颗）

低筋面粉	80克
白砂糖	25克
全蛋液	15克
清水	10克
米糠油	8克
卡仕达粉	15克
苏打粉	1/8克

其他材料

芝麻	100克

做法

1. 低筋面粉过筛，放入大碗中。

2. 加入余下的面团材料，拌匀。

3. 倒在工作台上，搓成长条，分成约15克一份；每粒小面团搓圆。

4. 表面喷清水，大碗放入芝麻，加入小面团摇动，使每粒小面团都沾满芝麻。

5. 空气炸锅放入浅烤盘，以180℃预热；放入芝麻小面团，设定170℃炸10分钟即成。

🍳 烹调心得

若空气炸锅预热不够，小面团底部会压平，不能炸至饱满的球状，影响品相，所以一定要预热。

酥皮紫薯月饼

品相比普通月饼更吸引人，酥皮加入天然食用色粉，加上紫薯泥作为馅料，有别于传统月饼的品相及味道！

● 吃得健康　● 吃好几块也不觉得腻

温度及时间：190℃　5分钟 ▷放凉▷190℃　6分钟　**辅助配件**：烘烤锅+55克月饼模

月饼酥皮材料（10个）

黄油	100克	淡奶油	20克
糖霜	45克	低筋面粉	182克
全蛋液	15克	紫薯粉	20克

紫薯馅料

紫薯	120克	澄面	2汤匙
黄糖	80克	植物油	2汤匙

其他材料

咸蛋	5个	玫瑰露酒	适量

做法

1. 咸蛋洗净，取出蛋黄，放入不锈钢碟中，洒上玫瑰露酒，放入空气炸锅，设定170℃炸6分钟，取出，切半备用。

2. 制作紫薯馅料：紫薯洗净，用水煮熟，去皮压泥；不粘锅放入紫薯泥，加入黄糖、澄面及植物油，以中小火炒至馅料成团不粘锅。包好后，放入冰箱冷藏备用。

3. 制作月饼酥皮：糖霜及黄油放入大盆中，打发至颜色变浅。

4. 少量多次加入全蛋液及淡奶油，拌匀，筛入低筋面粉及紫薯粉拌匀，包上保鲜膜，放入冰箱冷藏最少1小时。

5. 取出饼皮，倒在工作台上，搓成长条形，平均分成约38克一份，搓圆。

6. 取出紫薯馅料，分成约20克一粒，包入半个咸蛋黄，搓圆。

7. 利用塑料袋或保鲜膜，将饼皮擀平成圆形，皮边要稍薄，包入一粒馅料，埋口。

8. 月饼均匀地沾上少量低筋面粉（饼模不用），搓成椭圆形，放入月饼模，先用手压平，倒转饼模，按下手掣，按实约2秒，松手。

9. 提起饼模，用小毛笔扫走多余的饼粉。

10. 以200℃预热空气炸锅，烘烤锅内放入月饼，喷上清水，以190℃炸5分钟，取出放凉10分钟。

11. 再以190℃炸6分钟即成。

选购心得

可以用绿茶粉代替紫薯粉，做成绿茶月饼。想节省时间的话，可以购买现成的紫薯馅。

萝卜丝饼

白萝卜是冬天的时令食材，用空气炸锅制作萝卜丝饼，外表颜色金黄，香气扑鼻！

● 秋冬点心　● 食指大动

温度及时间：160℃　15分钟　　**辅助配件**：浅烤盘/锡纸盘

油皮材料（10个）

中筋面粉	120克
白砂糖	15克
猪油	33克
冰水	50克

调味料

蚝油	2茶匙
细盐	1/2茶匙
白砂糖	1/2茶匙
白胡椒粉	适量
五香粉	适量
香油	1/2茶匙
植物油	1汤匙

馅料

白萝卜	1/2个（约450克）
蒜蓉	1茶匙

油酥材料

低筋面粉	90克
猪油	45克

刷面材料

蛋液	适量

做法

1. 白萝卜去皮刨丝。

2. 制作萝卜丝馅料：起锅，下油烧热，加入蒜蓉、萝卜丝炒至变软，加入调味料拌匀，炒至熟透，沥干水分，放凉备用。

3. 制作油皮：中筋面粉、白砂糖拌匀，加入猪油，用手指捏碎成粉粒（不用搓揉），注入冰水拌匀，搓揉成光滑粉团，用保鲜膜包好，松弛30分钟，分割成五等份。

TIPS　可用白油代替猪油。

4. 制作油酥：低筋面粉、猪油放入大盆内，用手搓揉成团即可（不用搓太久，避免起筋），用保鲜膜包好，松弛30分钟，分割成五等份。

5. 制作中式酥皮：在工作台撒上少许手粉（即高筋面粉，材料外），将做法3的油皮擀平，包入油酥，压平。

6. 用手轻压，再擀成长方形，由末端卷起。

7. 收口向上，用手再压平，然后再擀成长方形，再卷起。

8. 用刀切成二等份，切口向上，擀成圆形饼皮。

9. 将饼皮翻面，包入适量萝卜丝（每份约45克），埋口捏紧，撕掉多余饼皮，收口向下，刷上蛋液。

10.以180℃预热空气炸锅，浅烤盘放入萝卜丝饼，设定160℃炸15分钟即成。

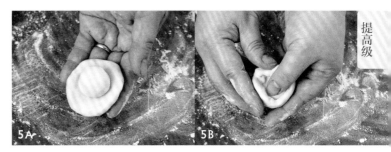

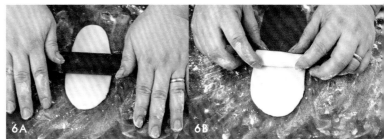

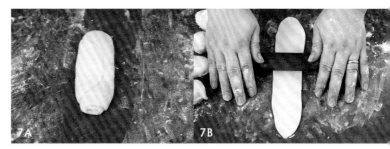

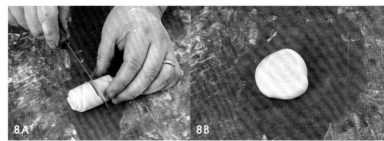

芋蓉菊花酥

中式酥皮糕点的造型变化多。只要略花心思，便可做出令人惊喜的酥饼。

● 宫廷点心 ● 仙气飘飘

温度及时间： 160℃　15分钟　　**辅助配件：** 浅烤盘/锡纸盘

油皮材料（10个）

中筋面粉	125克
白砂糖	20克
猪油	35克
冰水	55克

刷面材料

蛋黄	1个

油酥材料

低筋面粉	100克
猪油	55克

馅料

芋蓉	300克

做法

1. 制作油皮：中筋面粉及白砂糖拌匀，加入猪油，用手指捏碎成粉粒（不用搓揉），注入冰水拌匀，搓揉成光滑粉团，用保鲜膜包好，松弛30分钟，分割成约45克一份。

2. 制作油酥：油酥材料用手搓揉成团（不用搓太久，避免起筋），用保鲜膜包好，松弛30分钟，分割成约30克一份。

3. 芋蓉分成30克一份，搓圆备用。

4. 制作中式酥皮：工作台洒上少许手粉（即高筋面粉，材料外），将油皮擀平，包入油酥搓圆后，收口向下，用手压平。其余步骤参照P.143步骤6-8。

5. 将饼皮翻面，包入芋蓉馅。轻轻擀成圆形，用小刀在距离皮边约2/3的位置，由内向外切四刀，成十字。

6. 再平均切成12份作为花瓣。

 TIPS　要保留中心1/3的位置不切开。

7. 将每条花瓣向同一方向扭动90度，令芋蓉馅料外露，再将每条花瓣用手指轻轻压平，便成为菊花形。

8. 以180℃预热空气炸锅，酥饼刷上蛋黄液，设定160℃炸15分钟即成。

 TIPS　若颜色不够金黄，可以在最后3分钟再刷一次蛋黄液。必需预热空气炸锅，锅内的温度才够高。

6

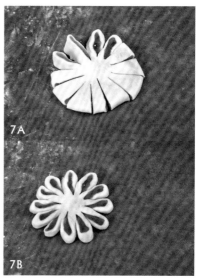

7A

7B

🍳 烹调心得

馅料应选用较深色的，才能与饼皮颜色形成对比，使花瓣外形更突出。

方块酥

源自台湾嘉义的特色小食，是一种非常香脆的酥饼。

● 口感特别酥脆　● 层次分明

温度及时间：140℃　20分钟　　　　**辅助配件：**浅烤盘/锡纸盘

油皮材料（30块）

中筋面粉	100克	盐	1/2茶匙
清水	90克		

油酥材料

低筋面粉	25克	猪油	25克

其余材料

白芝麻	50克

做法

1. 白芝麻放入空气炸锅，以160℃炸4分钟，其间要不时取出炸篮摇匀；炸香后取出备用。

> TIPS 选购市面上烘焙好的白芝麻，可省去不少工夫。

2. 制作油皮：中筋面粉过筛，加盐拌匀，将一半清水煮滚，倒入粉中，用筷子快速搅拌，再加入余下清水，搓揉成光滑不粘手的面团，盖上保鲜膜，松弛30分钟。

3. 制作油酥：小锅放入猪油，以小火煮热，筛入低筋面粉炒匀至微黄色，熄火，放凉备用。

4. 制作方块酥：取出油皮，擀成长方形；油酥也擀成油皮的1/3大小，铺在油皮中间。

5. 将两边的油皮向中间折，包住油酥，油皮边缘封好口，再擀成长方形。

6. 再把面皮擀开，两边向中间对折，再折向中间，再擀开，重复以上动作3次。

7. 盖上保鲜膜，松弛30分钟，最后一次把面皮擀成约3毫米的薄片。

8. 在皮面喷水，撒上白芝麻，用手轻轻压平，用叉子均匀地扎洞。

9. 用刀切成大小均等的方块。

10. 以150℃预热空气炸锅，将方块酥整齐地排放在浅烤盘上，以140℃炸20分钟即成。

☙ 烹调心得 ─

方块酥需以低温长时间慢慢烤焙，才能完美展现有层次的风味。

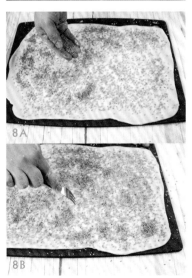

皮蛋莲蓉彩虹酥

皮蛋酥是传统的香港糕点，也是当地嫁喜礼饼中的经典代表。这次将酥皮混合四种颜色，制成彩虹效果，耳目一新！

● 突破传统卖相　● 年轻化

温度及时间：160℃　15分钟　　　辅助配件：浅烤盘/锡纸盘+牛油纸

油皮材料 (10个)

中筋面粉	135克
白砂糖	20克
猪油	38克
冰水	60克

其余材料

4种食用色素	数滴

油酥材料

低筋面粉	110克
猪油	55克

皮蛋莲蓉馅材料

莲蓉	300克
皮蛋	2个
植物油	1/2茶匙

做法

1. 制作馅料：莲蓉加入植物油搓滑；皮蛋去壳，每个切成五等份，莲蓉分成30克一份，包入一块皮蛋，搓圆备用。

2. 制作油皮：中筋面粉及白砂糖拌匀，加入猪油，用手指捏碎成粉粒（不用搓揉），注入冰水拌匀，搓揉成光滑粉团，用保鲜膜包好，松弛30分钟，分割成约50克一份。

> TIPS　可用白油代替猪油。

3. 制作四色油酥：油酥材料用手搓揉成团（不要搓太久，避免起筋），用保鲜膜包好，松弛30分钟，分成四等份，每份加入一种食用色素，搓匀，再细分成约4克一份的小粒。

4. 制作中式酥皮：工作台撒上少许手粉（即高筋面粉，材料外），将油皮擀平，包入四色油酥（各2小粒），包好埋口。

5. 用手掌压平，擀成长方形，然后从一角斜卷成长条。

6. 用手再轻轻压平面条，再擀成长方形，用手拉起其中一端时，尽量擀长另一端。

7. 将长方形面皮卷起。

8. 用刀切成二等份，切口向上。

9. 擀成圆形饼皮。

10. 将饼皮翻面，包上一份皮蛋莲蓉馅，收口捏紧，收口向下，排放在已放牛油纸的浅烤盘上。

> TIPS 切口一面的饼皮，颜色层次较美观整齐，所以包馅料时，要翻转用另一面放上馅料，那么切口一面便成为酥面。

11. 以180℃预热空气炸锅，放入彩虹酥，设定160℃炸15分钟即成。

樱花双色酥（皮蛋莲蓉彩虹酥变奏版）

同样是中式酥皮做法，加入不同元素，变化出不同效果的成品。

● 中式糖饼不老士　● 浪漫心醉

温度及时间：160℃　15分钟　　辅助配件：浅烤盘/锡纸盘+牛油纸

油皮材料 (10个)

中筋面粉	125克
白砂糖	20克
猪油	35克
冰水	55克

油酥材料

低筋面粉	100克
猪油	50克
粉红食用色素	数滴

馅料

豆沙	300克

做法

1. 制作油皮：中筋面粉及白砂糖拌匀，加入猪油，用手指捏成粉粒（不用搓揉），注入冰水拌匀，搓揉成光滑粉团，用保鲜膜包好，松弛30分钟，分割成五等份。

2. 制作油酥：油酥材料用手搓揉成团即可（不要搓太久，避免起筋），用保鲜膜包好，松弛30分钟，分割成五等份。

3. 制作中式酥皮：工作台撒上少许手粉（即高筋面粉，材料外），将油皮擀平，包入油酥。

4. 用手掌压平，再擀成长方形，从一端卷起。

5. 收口向上，用手压平，再擀成长方形，再卷起。

6. 用刀切成二等份，切口向上，擀成圆形饼皮。

7. 豆沙分成30克一份，搓圆。

8. 翻转饼皮，包上豆沙馅，收口捏紧，撕掉多余饼皮，收口向下，排放在已放牛油纸的浅烤盘上。

9. 以180℃预热炸锅，放入酥饼，设定160℃炸15分钟即成。

🍳 烹调心得

空气炸锅锅温较高，要比平日用烤箱的温度调低10~20℃。

Part

5

西式
糕点

玫瑰苹果酥

以速冻酥皮及苹果薄片卷起而成，造型精美，每个女生都会喜欢。

● 看似复杂，其实简单 ● 浪漫心思

温度及时间：150℃ 15分钟 辅助配件：蛋糕模

材料（3个）

速冻酥皮	1块
苹果	1个
白砂糖	20克

做法

1. 速冻酥皮解冻，切成两半。

2. 苹果洗净，切半，去核，再切成薄片。

> TIPS 苹果较硬，尽量切到最薄才能够卷起。

3. 酥皮切成三等份的长条，在酥皮上方铺苹果片，撒上白砂糖。

4. 将下方的酥皮向上折，然后小心卷起成玫瑰花状，放入蛋糕模固定。

5. 以180℃预热空气炸锅，放入蛋糕模，设定150℃炸15分钟。

> TIPS 炸制期间，在酥皮面刷蛋黄液，效果更佳。

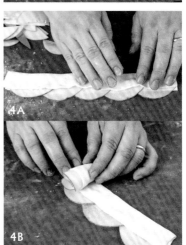

蝴蝶酥

传统蝴蝶酥的做法工序多，这次改用速冻酥皮制作，顿时变得简易，但仍可做出蝴蝶酥的效果！

● 速冻酥皮更简单　　● 经典法式甜品

温度及时间：170℃　15分钟 ▷180℃　10分钟　辅助配件：烘烤锅

材料（20块）

速冻酥皮	3块	白砂糖	2汤匙
黄糖	2汤匙	肉桂粉	适量

做法

1. 酥皮从冰箱取出，回软。

> **TIPS** 速冻酥皮要在制作前5分钟取出回软。

2. 将一块酥皮放在工作台上，均匀撒上黄糖及肉桂粉。铺上另一块酥皮，同样撒上黄糖及肉桂粉，再铺上另一块酥皮，用手轻轻压实。

> **TIPS** 肉桂粉能增加味道的层次。

3. 在酥皮表面喷水，两边向中间对折，然后再次对折。

4. 酥皮放入冰箱冷藏15分钟。

5. 取出，把酥皮切成厚片，平放，放入冰箱冷藏30分钟。

6. 以180℃预热空气炸锅，放入烘烤锅。

7. 取出蝴蝶酥，两面均匀蘸上白砂糖，排放在烘烤锅中，设定170℃炸15分钟，转180℃再炸10分钟即成。

夏威夷果仁曲奇

夏威夷果亦叫作澳洲坚果或火山豆，盛产于澳大利亚，烘烤后特别香。

- 简单易做 ● 香脆果仁

温度及时间： 170℃ 12分钟   **辅助配件：** 浅烤盘/锡纸盘

材料（20块）

高筋面粉	180克
低筋面粉	180克
糖粉	60克
无盐黄油	210克
鸡蛋	1个
香草粉	少许
无盐夏威夷果仁	180克

做法

1. 无盐黄油室温回软；夏威夷果仁略微压碎。

2. 高筋面粉及低筋面粉混合好，过筛一次。

3. 黄油加入糖粉，用电动搅拌器搅拌至膨松，颜色变浅。

4. 蛋液分三次加入拌匀。

5. 筛入混合粉和香草粉，用刮刀以切拌方式拌匀成面团。

6. 加入夏威夷果仁粒，拌匀。

7. 面团倒在保鲜膜上，搓成长条，包好，放入冰箱冷藏2小时。

8. 取出，拆开保鲜膜，每块切成约1厘米宽，排放在浅烤盘上。

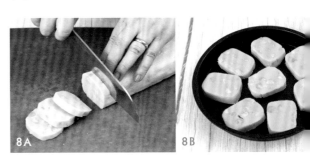

8A   8B

9. 以180℃预热空气炸锅，放入曲奇，以170℃烤12分钟，取出放凉即可。

特浓美式软曲奇

与平常吃到的硬曲奇相比，软曲奇外表不但不金黄，而且刚烤好后质地像未熟透似的。其实放凉后就会变硬，但内里还是湿润软绵的。

● 黄糖是重点 ● 不用从外面购买

温度及时间：170℃ 10分钟　　**辅助配件**：浅烤盘 + 不粘布

材料（20块）

材料	用量
高筋面粉	60克
低筋面粉	60克
黑巧克力	100克
可可粉	1克
苏打粉	1/8茶匙
无盐黄油	100克
黄糖	80克
细盐	1/4匙
全蛋液	40克
香草精	适量

做法

1. 无盐黄油室温软化；黑巧克力略微压碎。

2. 黑巧克力切碎；高筋面粉、低筋面粉、可可粉、苏打粉混合好，过筛一次。

3. 无盐黄油加入黄糖，打发至膨松。

4. 再加入全蛋液打匀。

5. 筛入混合粉拌匀，再加入盐和香草精，拌匀成面团。

6. 加入黑巧克力碎拌匀，用勺子取出适量面团，放在铺有不粘布的浅烤盘上。

> **TIPS** 不能用牛油纸，因为太轻薄，容易在炸制过程中飘起，导致曲奇变形。

7. 以180℃预热空气炸锅，放入曲奇，以170℃炸10分钟，待凉即成。

蓝莓松饼

用新鲜蓝莓制作松饼，口味特别清新。

- 做法超简单　● 超松软　● 蓝莓香

温度及时间：160℃　20分钟　　　　**辅助配件：**蛋糕模+牛油纸

材料（4杯）

无盐黄油	100克	鸡蛋	2个	新鲜蓝莓	1盒
白砂糖	80克	低筋面粉	100克		

做法

1. 无盐黄油室温软化，加入白砂糖打至顺滑。

2. 分次加入蛋液拌匀，将低筋面粉一次性筛入，以刮刀轻轻拌匀。

3. 蛋糕模放入牛油纸，倒入适量面糊，每杯放上6~8粒新鲜蓝莓。

4. 以180℃预热空气炸锅，放入蛋糕模，设定160℃炸20分钟即成。

> **TIPS** 用牙签插入蛋糕中心，没有粘连物即表示熟透，否则还要再炸两三分钟。

面包布丁

不想吃隔夜面包？有没有想过，可以用空气炸锅将它们做成一道美味的甜品呢？

● 热乎乎　　● 外脆内软

温度及时间：170℃　20分钟　　**辅助配件**：玻璃器皿

材料（4人份）

带皮白面包	2片
鸡蛋	1个
牛奶	250毫升
白砂糖	20克
无盐黄油	20克
葡萄干	适量
香草精	少许

做法

1. 无盐黄油室温回软，均匀地涂抹在玻璃器皿内壁。

2. 面包撕成小块，放入玻璃器皿中。

3. 鸡蛋打成蛋液，加入牛奶、白砂糖及香草精拌匀。

4. 将做法3的液体淋到面包上，撒上葡萄干。

5. 以180℃预热空气炸锅，放入面包布丁，设定170℃炸20分钟即成。

> **TIPS**　若表面不够金黄，可以转200℃再炸两三分钟。

菠萝蛋糕

一片片菠萝，清甜中带点微酸，生津止渴，是充满夏日风味的蛋糕！

● 口感扎实

温度及时间： 140℃　30分钟 ▷刷果酱 ▷180℃　10分钟
辅助配件： 浅烤盘+长方形烤模

面糊材料（4人份）

无盐黄油	120克
白砂糖	60克
鸡蛋	2个
低筋面粉	125克
罐头菠萝汁	20克

蛋糕面材料

罐头菠萝	2片
黄桃果酱	少许

做法

1. 菠萝片切成三等份。

2. 无盐黄油室温回软，加入白砂糖打发至膨松。

3. 分次加入蛋液拌匀，再加入罐头菠萝汁拌匀。

4. 将低筋面粉一次性筛入，以刮刀轻轻拌匀。

5. 将面糊倒入长方形烤模中，菠萝片排放在面糊上。

6. 以180℃预热空气炸锅，放入浅烤盘，注入烤盘高度1/3的清水，放上长方形烤模，设定140℃炸30分钟。

7. 刷黄桃果酱，转180℃再炸10分钟即成。

> **TIPS** 牙签插入蛋糕中心，若没有粘连物即表示熟透，否则还要再炸两三分钟。

美式苹果派

西式传统甜品苹果派，做法有很多变化。酸甜爽脆的苹果，加上淡淡的肉桂香气，非常搭配。

- 爽脆的馅料
- 酥脆的派皮

温度及时间：170℃　25分钟 ▷刷蛋液 ▷180℃　8分钟　　辅助配件：浅烤盘/锡纸盘

派皮材料（直径6吋，1个）

无盐黄油	150克
糖粉	70克
细盐	少许
全蛋液	40克
高筋面粉	120克
低筋面粉	100克

馅料

苹果	150克
无盐黄油	20克
黄糖	60克
柠檬汁	1大匙
肉桂粉	少许

刷面材料

蛋黄	1个

做法

1. 无盐黄油室温软化。

2. 高筋面粉、低筋面粉混合，过筛一次。

3. 无盐黄油放入不锈钢盆中，加入糖粉及盐，用电动打蛋器拌匀，打发至膨松呈乳白色。

4. 全蛋液分三次加入，拌匀。

5. 将粉类一次全部筛入，用刮刀以切拌方式拌成面团，分成两份，压扁，用保鲜膜包好，放入冰箱冷藏最少1小时。

> **TIPS** 每种牌子的面粉吸水力不同，若发现粉团太干，可以用茶匙逐量加入牛奶搓滑。

6. 取出一份面团，搓软，放入派模，用手压平，紧贴派模的内侧，将多余的派皮切去。

7. 底部的派皮用叉子扎小孔，放入冰箱冷藏。

8. 苹果去皮去核，切丁，泡盐水备用。

9. 不粘锅加入黄油、黄糖、柠檬汁、苹果片及肉桂粉拌匀，炒至糖浆变浓稠，盛起放凉。

10. 从冰箱取出派皮，加入苹果馅，铺平。

11. 取出另一份面团，搓软，擀平，切成粗长条，以网状铺在派面上，刷上蛋黄液。

> **TIPS** 若想省时，派皮可以改成铺上一大片面皮，然后用刀划出十字花纹即可。

12. 以180℃预热空气炸锅，放入苹果派，设定170℃炸25分钟。

13. 派皮刷上蛋黄液，转180℃再炸8分钟即成。

> 🧑‍🍳 选购心得
> 苹果可选用富士苹果，口感比较爽脆。

焗菠菜芝士挞

菠菜含有丰富铁质及维生素C，菜叶色泽碧绿。配上芝士，是绝佳的美味配搭！

- 香滑的芝士馅

温度及时间：160℃　15分钟　▷180℃　5分钟　　　**辅助配件**：烤网+挞模

材料（6个）

菠菜	100克
混合芝士	100克

挞皮材料

无盐黄油	45克
砂糖	20克
鸡蛋	1个
低筋面粉	65克

调味料

细盐	1/2茶匙
白砂糖	1茶匙
黄油	10克

做法

1. 无盐黄油在室温下回软。

2. 黄油加入砂糖打发至膨松，将蛋液逐次加入，打匀。

> **TIPS** 不能太心急加入蛋液，容易造成油水分离，若出现这种情况，可加入少量低筋面粉改善情况。

3. 再筛入低筋面粉拌匀，搓成面团，放入冰箱冷藏最少1小时。

4. 取出，放在工作台上，搓成长条，分成六等份，放入挞模，用手压平，底部用叉子扎孔。

5. 菠菜切去根部，洗净，焯熟，榨干水分，切碎后拌入芝士，加入调味料拌匀，倒入挞皮中。

6. 以180℃预热空气炸锅，烤网放入菠菜挞，设定160℃炸15分钟。

7. 转180℃再炸5分钟即成。

玻璃曲奇

一块曲奇中间，用糖果做成玻璃效果，十分可爱。

● 晶莹剔透   ● 圣诞送礼

温度及时间：170℃   8分钟 ▷补充糖碎 ▷170℃   3分钟   **辅助配件**：浅烤盘 + 不粘布

材料（15块）

无盐黄油	70克	泡打粉	2克
糖粉	60克	香草精	少许
鸡蛋	1个	水果糖	10粒
低筋面粉	150克		

做法

1. 水果糖放入保鲜袋，碾碎备用。

2. 低筋面粉加入泡打粉，过筛一次。

3. 无盐黄油室温回软，加入糖粉打发至膨松呈乳白色；加入蛋液打匀，再加入香草精拌匀。

4. 将混合粉一次筛入，搅拌成面团，用保鲜膜包好，放入冰箱冷藏1小时。

5. 取出面团，擀成约4毫米厚，用曲奇模印出所需形状，放在已铺有不粘布的浅烤盘上。

   TIPS 玻璃曲奇要足够厚，才有空间放入糖果而不易碎。

6. 用较小的曲奇模，印在曲奇中间取走其中的面团，将糖碎放入中间空位。

7. 以180℃预热空气炸锅，放入曲奇，以170℃炸8分钟，取出，若发现中间糖果未填满，再加入适量糖碎，以170℃再炸3分钟，直至曲奇金呈黄色即可。

🎩 选购心得

不粘布可以洗净后重复利用，在烘焙店一般有售。

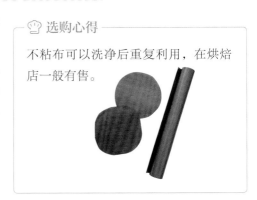

班兰蛋糕

班兰叶切碎，加水打成泥，榨出汁液，用于蛋糕面包，制成品会带着独特的香气！

● 用班兰叶榨汁特别香

温度及时间：160℃　30分钟 ▷熄火 ▷焗10分钟　　　**辅助配件**：浅烤盘＋6吋蛋糕模

材料（6吋，一个）

蛋黄	3个
白砂糖	120克
班兰香精	数滴
青柠	1个
植物油	30克
低筋面粉	100克
蛋清	3个
柠檬汁	1茶匙

班兰汁材料

班兰叶	10片
清水	200克

做法

1. 班兰叶洗净，加入清水，用搅拌机打成泥，过滤，取出50克班兰汁，备用。

> TIPS　多出的班兰汁可储存在冰箱，随时可用。

2. 青柠洗净，将绿皮部分磨成皮屑，再挤汁（约1茶匙）备用。

3. 蛋黄放入大盆中，加入60克白砂糖打匀，再加入班兰香精、青柠汁、班兰汁及植物油拌匀，成蛋黄糊。

> TIPS　加入班兰香精可增加色泽及香味。

4. 筛入低筋面粉拌匀，最后加入青柠皮屑拌匀。

5. 在干净大盆内放入蛋清，打发至起泡，砂糖分次加入，当泡泡变得细密时，加入柠檬汁，然后分两次加入余下的砂糖，充分打发成蛋白霜。

6. 将1/3的蛋白霜加入蛋黄糊中，用刮刀以切拌方式拌匀，再全部倒回蛋白霜中，慢慢拌匀。

7. 把面糊倒入蛋糕模中，在桌面上敲一下，让空气排走。

8. 以200℃预热空气炸锅，放入浅烤盘，注入烤盘高度1/3的清水，放上蛋糕，以160℃炸30分钟，熄火，焗10分钟，取出倒扣，待凉透后脱模即成。

小熊杯子蛋糕

平平凡凡的杯子蛋糕，只要花点心思，就能吸引小朋友。

● 饼干小熊　　● 发挥创意

温度及时间： 130℃　25分钟　　　**辅助配件：** 浅烤盘＋蛋糕纸杯

材料（5个）

低筋面粉	40克
可可粉	12克
鸡蛋	1个
蛋黄	2个
白砂糖	40克
植物油	25克
牛奶	40克
蛋清	2个
柠檬汁	1茶匙

其他材料

白巧克力	适量
黑巧克力	适量
迷你奥利奥饼干	5块

🍴 选购心得

要选用可入炉的蛋糕纸杯来制作小蛋糕。若省去可可粉，即成原味杯子蛋糕。

做法

1. 低筋面粉及可可粉拌匀，过筛，放入大盆中。

2. 小锅加入植物油及牛奶，以小火煮热（不用煮滚），熄火，倒入混合粉中，用筷子快速搅拌，拌匀成面团。

3. 用另一个盆，放入蛋黄及全蛋，加入10克白砂糖拌匀，分三次加入到面团中，拌成蛋黄糊。

4. 用另一个干净大盆，放入蛋清，打发至起泡，当泡泡变得细密时，加入柠檬汁，然后分两次加入余下的白砂糖，充分打发成蛋白霜。

5. 将1/3的蛋白霜加入蛋黄糊中，用刮刀以切拌方式拌匀，再全部倒回蛋白霜中，轻轻拌匀。

6. 面糊分别倒入蛋糕纸杯，至八分满，轻轻在工作台上敲一下，让空气跑出。

7. 以160℃预热空气炸锅，放入浅烤盘，注入烤盘高度1/3的清水，小心放入蛋糕，以130℃炸25分钟，至全熟透。

8. 黑、白巧克力分别隔水加热至化开，放入裱花袋备用。

9. 蛋糕冷却后，以装有白巧克力的裱花袋挤出鼻子，再用装有黑巧克力的裱花袋挤出鼻子线条及眼睛。

10. 用小刀在蛋糕上方两侧插入少许，拆开奥利奥饼干，抹去奶油，将饼干插入蛋糕中作为小熊耳朵。

蓝莓芝士蛋糕

芝士蛋糕有烤焗、免焗冷藏两种，烤焗的芝士蛋糕，芝士味特别香浓。

● 经典口味　● 焗过再冷藏

温度及时间： 140℃　40分钟　　**辅助配件：** 浅烤盘＋6吋蛋糕模

材料（6吋，一个）

奶油奶酪	200克
淡奶油	50克
白砂糖	30克
鸡蛋	1个
无盐黄油	40克
蓝莓酸奶	50克
蓝莓酱	10克
蓝莓果泥	50克
柠檬汁	1茶匙

饼底材料

消化饼干	50克
无盐黄油	25克

> ⌂ 选购心得
>
> 现成的蓝莓果泥在烘焙店一般有售，可以节省时间。

做法

1. 饼底材料的25克无盐黄油隔水加热至化开，消化饼干压碎，混合好；倒入蛋糕模，用勺子压实成饼底，放入冰箱冷藏，备用。

2. 40克无盐黄油隔水加热至化开。

3. 奶油奶酪室温回软，加入白砂糖，用电动搅拌器打至柔软顺滑，加入淡奶油拌匀。

4. 鸡蛋打成蛋液，将蛋液分三四次加入，每次确保拌匀后才可再加入蛋液。

5. 加入蓝莓酸奶、蓝莓酱及柠檬汁拌匀，最后加入融化黄油拌匀。

6. 取出100克芝士糊，加入蓝莓果泥拌匀。

7. 先将原味芝士糊倒入蛋糕模，再把蓝莓芝士糊放入裱花袋，转圈裱在芝士糊表面，用牙签画出花纹。

8. 以180℃预热空气炸锅，放入浅烤盘，注入烤盘高度1/3的清水，小心放上蛋糕，设定140℃炸40分钟即成。

纽约芝士饼

芝士迷一定喜欢吃纽约芝士蛋糕，重重的芝士味，令人难以抗拒。

● 经典甜品 ● 浓郁芝士香

温度及时间：160℃　5分钟 ▷120℃　40分钟 ▷倒入饼面材料 ▷170℃　3分钟
辅助配件：浅烤盘＋6吋蛋糕模

芝士馅材料（6吋，一个）

奶油奶酪	250克
白巧克力	15克
淡奶油	60克
白砂糖	40克
柠檬汁	1茶匙
蛋黄	2个
柠檬皮屑	1/2个量
朗姆酒	1茶匙

奶油饼面材料

酸奶油	28克
甜奶油	15克

饼底材料

消化饼干	4块
白砂糖	20克
黄油	27克

做法

1. 蛋糕模底先刷油及撒上少许面粉；黄油隔水加热至化开，消化饼干压碎，饼底材料混合好，倒入蛋糕模，用勺子压实成饼底，放入冰箱冷藏备用。

2. 白巧克力隔水加热至化开。

3. 奶油奶酪室温回软，加入白砂糖打至顺滑，加入柠檬汁，分次加入蛋黄拌匀，再加入白巧克力溶液拌匀。

4. 淡奶油充分打发，再拌入芝士糊，最后加入朗姆酒及柠檬皮屑拌匀。

5. 取出饼底，倒入芝士糊。

6. 以180℃预热空气炸锅，放入蛋糕，以160℃炸5分钟，转120℃再炸40分钟。

7. 饼面材料拌匀，倒在芝士饼上，再以170℃炸3分钟即成。

> TIPS　炸完放凉后，要放入冰箱冷冻后再吃，这样会口味更细密，芝士味更浓。

心太软

巧克力迷无法抗拒的甜品。要即烤即食，放久了便没有软心的效果。

- 融化的巧克力浆
- 甜入心扉

温度及时间：180℃　10分钟　　辅助配件：烤盅

材料（4杯）

黑巧克力	160克	白砂糖	25克
鸡蛋	2个	黄油	82克
蛋黄	1个	中筋面粉	30克

涂模具材料

液体黄油	适量
白砂糖	适量

做法

1. 液体黄油涂在烤盅内壁，撒上砂糖摇匀，倒出多余白砂糖，放入冰箱冷藏。

   TIPS 可改用入炉纸杯，比较容易脱模。

2. 黑巧克力、黄油隔水加热至化开，备用。

3. 大碗内放入鸡蛋、蛋黄及白砂糖，用电动搅拌器搅匀，筛入中筋面粉拌匀。

4. 加入巧克力液拌匀。

5. 烤盅倒入适量巧克力面糊，至九分满。

   TIPS 可预先拌匀面糊，放在冰箱，需要时取出烤制。

6. 以180℃预热空气炸锅，放入烤盅，设定180℃炸10分钟即成。

   TIPS 不同品牌空气炸锅的锅温不同，请按情况调节时间。过火会导致巧克力内馅凝固，无法达到流心效果。

舒芙蕾

制作舒芙蕾的时候，遇热会膨胀，取出后，很快便冷却回缩，所以要拍照的话就要争取时间啊！

● 即烤即食　● 入口即化

温度及时间：170℃　10分钟　　**辅助配件：**烘烤锅＋舒芙蕾杯（约直径7.5厘米，高5厘米）

材料（4个）

牛奶	140克	低筋面粉	200克	
无盐黄油	20克	蛋清	2个	
蛋黄	3个	香草精	数滴	
白砂糖	40克			

涂模具材料

液体黄油	20克
白砂糖	2汤匙

其他材料

糖粉	适量

做法

1. 预备舒芙蕾杯，黄油涂抹在内壁，撒上白砂糖摇晃，使内壁沾上砂糖，倒出多余白砂糖，放入冰箱冷藏。

2. 小锅加入牛奶及黄油，煮滚，熄火，加入香草精，拌匀。

3. 大碗内加入蛋黄、10克白砂糖拌匀，筛入低筋面粉，再拌匀。

4. 倒入步骤2的牛奶，搅拌均匀。

5. 将混合物倒回小锅内，用小火加热，其间要不断搅拌，煮成微稠的蛋黄糊，熄火，倒出。

6. 大碗内放入蛋清，打发至起细密泡泡，分两次加入白砂糖，充分打发。

7. 把1/3的蛋白霜加入蛋黄糊中拌匀，再全部倒回蛋白霜中，轻轻拌匀。

8. 倒入舒芙蕾杯中，至八分满。

9. 以180℃预热空气炸锅，放入舒芙蕾，以170℃焗10分钟左右，直到完全胀起。

10. 出炉后，在表面撒上糖粉即成。

☺ 烹调心得

空气炸锅的锅身较矮，必需选用高度5厘米以下的舒芙蕾杯，且不要倒得太满，否则容易遇热膨胀时接触到发热管而失败。

Part

6

邪恶
夜宵

芝士脆条

简单而邪恶的夜宵小吃，只要冰箱有速冻酥皮和芝士，便可用空气炸锅制作！

● 酥脆美味　● 芝士迷

温度及时间：165℃　11分钟 ▷刷蛋液 ▷165℃　3分钟　　　辅助配件：烤网

材料（12条）

速冻酥皮　　　　　　1块
意大利芝士片　　　　3片

刷面材料

蛋黄　　　　　　　　1个

🎩 烹调心得

馅料可加入培根片，增加口味层次。

做法

1. 速冻酥皮室温回软。

2. 在酥皮的一边平铺3片芝士，对折，将四周压实。

3. 均匀切出约1.5厘米宽的粗条，每条扭动成螺旋形。

4. 刷上蛋黄液。

5. 以180℃预热空气炸锅，放上脆条，设定165℃炸11分钟，刷蛋黄液，再炸3分钟即成。

简易酥皮汤

深夜突然想吃点什么吗？以下有个快捷做法——利用罐头汤，让你24小时都能吃到热乎乎的酥皮汤！

● 懒人料理　　● 餐厅水准

温度及时间：160℃　8分钟　　辅助配件：烤碗

材料（2人份）

速冻酥皮	1块
罐头蘑菇鸡汤	1/2罐
培根	1片
蘑菇	2朵
开水	200毫升
无盐黄油	适量

做法

1. 速冻酥皮室温回软。

2. 培根切丁，蘑菇去蒂切丁，喷油，放入空气炸锅，以160℃炸2分钟，取出备用。

3. 罐头蘑菇鸡汤加入开水、培根及蘑菇丁拌匀，倒入烤碗中。

4. 酥皮裁剪成比烤碗口略大，铺在烤碗上。

5. 黄油隔水加热至化开，涂在酥皮上。

6. 以180℃预热空气炸锅，放入烤碗，设定160℃炸8分钟即成。

简易金枪鱼比萨

突然想吃比萨，又不想搓面团？改用皮塔饼，一样可以做出薄脆皮！

● 快过外卖　　● 冰箱材料随意放

温度及时间： 170℃　8分钟　　　　**辅助配件：** 浅烤盘/锡纸盘

材料（2人份）

皮塔饼	2片
意面酱	2汤匙
千岛酱	2汤匙
黄油	少许

配料

水浸金枪鱼	1罐
玉米粒	2汤匙
洋葱	1/4个
比萨芝士碎	2汤匙

做法

1. 金枪鱼去掉水分，洋葱去皮切丁，加入玉米粒，再加入千岛酱拌匀成馅料。

2. 皮塔饼用叉子扎孔，涂上黄油、意面酱，放上金枪鱼馅料，撒上比萨芝士碎。

3. 以180℃预热空气炸锅，浅烤盘放入比萨，设定170℃炸8分钟即成。

> 😋 **选购心得**
>
> 皮塔饼可在超市或电商平台购买。比萨馅料可随意更改，铺上喜欢的材料便可。

芝士脆包

若有隔夜面包，可以加上芝士、黄油，卷起来炸制，超级好吃！

● 酥脆

温度及时间：180℃　5分钟　　　**辅助配件**：蛋糕模

材料（4块）

无皮面包	2片
芝士片	4片
白砂糖	10克
黄油	20克

做法

1. 面包切半，涂上黄油，铺上芝士，撒上白砂糖。

　　TIPS　面包最好买无皮面包，免去撕皮的步骤。

2. 将面包卷起，固定在蛋糕模内。

3. 以180℃预热空气炸锅，放入蛋糕模，设定180℃炸5分钟即可。

香辣杏鲍菇

想吃炸物，不一定是肉类，试试炸杏鲍菇，美味又健康。

● 香辣美味

温度及时间：180℃　8分钟　　辅助配件：浅烤盘/锡纸盘

材料（2人份）

| 杏鲍菇 | 1根 |

调味料

| 香辣粉 | 1茶匙 |
| 细盐 | 1茶匙 |

做法

1. 杏鲍菇洗净，切薄片。

   TIPS　不能切太薄，约3毫米厚，否则炸制时会被吹起而接触到发热管。

2. 两面撒上细盐及香辣粉。

3. 以200℃预热空气炸锅，浅烤盘（或锡纸盘）放上杏鲍菇，设定180℃炸8分钟，其间翻面一次。

烧玉米

在日本街头常见的烧玉米，用空气炸锅来烤，同样美味。

● 有营养的夜宵

温度及时间： 160℃ 10分钟 **辅助配件：** 烤网

材料（2人份）

玉米	2根
黄油	20克
烧烤酱	适量

做法

1. 玉米去皮，洗净，切成2块。

2. 黄油隔水加热至化开，加入烧烤酱拌匀。

3. 以180℃预热空气炸锅，放入玉米，刷上烧烤酱，设定160℃炸约10分钟，其间要再刷两次烧烤酱。

> **TIPS** 刷上烧烤酱后，包上锡纸便可省去多次刷烧烤酱的时间。

🍳 烹调心得

若家中没有烧烤酱，可不加，单以黄油烧玉米即可，只是味道会清淡一点。

图书在版编目（CIP）数据

零失败空气炸锅料理101 / 月月小厨著 . — 北京：
中国轻工业出版社，2022.3
ISBN 978-7-5184-3126-7

Ⅰ . ①零… Ⅱ . ①月… Ⅲ . ①油炸食品 – 食谱
Ⅳ . ① TS972.133

中国版本图书馆 CIP 数据核字（2020）第 143406 号

责任编辑：王晓琛　　　责任终审：劳国强
整体设计：锋尚设计　　　责任校对：燕　杰　　责任监印：张京华

出版发行：中国轻工业出版社（北京东长安街6号，邮编：100740）
印　　刷：北京博海升彩色印刷有限公司
经　　销：各地新华书店
版　　次：2022年3月第1版第3次印刷
开　　本：710×1000　1/16　印张：12
字　　数：200千字
书　　号：ISBN 978-7-5184-3126-7　定价：49.80元
邮购电话：010-65241695
发行电话：010-85119835　传真：85113293
网　　址：http://www.chlip.com.cn
Email：club@chlip.com.cn
如发现图书残缺请与我社邮购联系调换
220311S1C103ZYW